Reinhard Hötten und Thorsten Hirsch

Jobcoaching

BALANCE **Beruf**

Reinhard Hötten und Thorsten Hirsch

Jobcoaching

Die betriebliche Inklusion von Menschen mit Behinderung gestalten

BALANCE **Beruf**

Reinhard Hötten und Thorsten Hirsch
Jobcoaching
Die betriebliche Inklusion von Menschen mit Behinderung gestalten
ISBN-Print: 978-3-86739-086-6
ISBN-PDF: 978-3-86739-856-5

Bibliografische Information der Deutschen Nationalbibliothek
Die Deutsche Nationalbibliothek verzeichnet diese Publikation
in der Deutschen Nationalbibliografie;
detaillierte bibliografische Daten sind im Internet über
http://dnb.ddb.de abrufbar.

BALANCE buch + medien verlag im Internet:
www.balance-verlag.de

Der BALANCE buch + medien verlag ist ein Imprint
der Psychiatrie Verlag GmbH, Köln.

Lektorat: Ludwig Janssen, Köln
Umschlagbild und Umschlaggestaltung: GRAFIKSCHMITZ, Köln
Typografie und Satz: Iga Bielejec, Nierstein
Druck und Bindung: CPI Druckdienstleistungen GmbH, Erfurt

VERZEICHNIS DER ARBEITSHILFEN

Arbeitshilfe 1: Analyse von Handlungen und Arbeitstätigkeiten (Selbstintegration, Intervention)

Arbeitshilfe 2: Reflexionsbogen Jobcoaching (Intervention, Qualitätsentwicklung)

Arbeitshilfe 3: Informationserhebung und Planungsdokumentation

Arbeitshilfe 4: Ausbildungs- und Arbeitsanamnese (Auftragsklärung und Planung)

Arbeitshilfe 5: Systemische Fragen im Jobcoaching (Auftragsklärung und Intervention)

Arbeitshilfe 6: Kopplungsfenster (Auftragsklärung und Planung)

Arbeitshilfe 7: Kollegiale Fallberatung beim Jobcoaching

Arbeitshilfe 8: Tätigkeitsanalyse beim Jobcarving

Arbeitshilfe 9: Interviewfragen Jobcarving

Arbeitshilfe 10: Workshop Jobcarving

Die Arbeitshilfen finden Sie unter: http://www.balance-verlag.de/buecher/detail/book-detail/jobcoaching.html.

Vorwort

Jobcoaches haben den Ruf, »Handwerker« der betrieblichen Inklusion von Menschen mit Behinderungen zu sein. Ihre Arbeitsweise ist ergebnisorientiert, kreativ und pragmatisch. Es finden sich in diesem Buch drei ausführliche Fallbeispiele, die dies anschaulich zeigen. Parallel dazu wird ein methodisches Praxiskonzept vorgestellt, das die Arbeitsweise des Jobcoaches erklärt und zur Ausführung anleitet. Man kann dieses Buch also als Fallbuch über betriebliche Inklusion oder als Handlungsanleitung lesen, je nachdem, welchen Bedarf der Leser hat bzw. welchen Zugang er bevorzugt.

Die langjährigen Aktivitäten des LWL-Integrationsamtes Westfalen im Bereich des betrieblichen Arbeitstrainings für Menschen mit Behinderungen bildeten für uns den Ausgangspunkt unserer Tätigkeit als Jobcoach. Hier entwickelte sich ein intensiver Fachdiskurs, der bis heute anhält. Zu Beginn hatten wir kein ausformuliertes Konzept für unsere Arbeit. Mehrere Jahre Praxiserfahrung waren erfolgreich und gaben uns Orientierung für das weitere Vorgehen. Erst sehr viel später haben wir unser eigenes methodisches Handeln noch einmal systematisiert und umfassender verstanden. Gemeinsam mit vielen engagierten Kolleginnen und Kollegen haben wir Teile des Konzepts entwickeln und in der Praxis erproben können. Wir haben uns dafür immer wieder wechselseitig nach unserem konkreten Vorgehen befragt, was wir in einem Fall getan haben, welche Überlegungen uns geleitet haben und was dabei in der Rückschau als Erfolgsfaktor zu erkennen war.

Ursprünglich beide aus der Ergotherapie kommend, haben wir das Praxiskonzept schrittweise um lösungsorientierte und systemische Ansätze erweitert. In Verbindung mit den Konzepten anderer entstand nach und nach das vorliegende Praxiskonzept. Dabei machten wir die Erfahrung, dass unsere konzeptionelle Arbeit immer wieder hilfreiche Ideen für unsere praktische Arbeit aufzeigte und sie damit weiter profiliert und professionalisiert hat.

Dieses Konzept bildet heute auch die Grundlage unserer Schulungen und Weiterbildungen. Wir haben sowohl persönlich wie auch in der Ausbildung von Jobcoaches erlebt, welche Bedeutung einem klar struk-

turierten Konzept zukommt. Es kann wesentlich dabei helfen, die Vielzahl von Eindrücken und Informationen in den oft unübersichtlichen Situationen im Betrieb auf die relevanten Inhalte zu reduzieren und so beim methodischen Vorgehen handlungsfähig zu bleiben.
Mit diesem Buch hoffen wir, Ergebnisse und Erfahrungen unseres eigenen Lernprozesses zusammenzufassen, sodass sie jetzt auch von anderen genutzt werden können. Das Lernen wird für uns alle weitergehen. Wir empfehlen Ihnen, dabei sich selbst gegenüber die gleiche wohlwollende und förderliche Haltung einzunehmen, die Sie auch gegenüber Ihren Klientinnen und Klienten haben.
Wir bedanken uns für das Vertrauen, das uns von den Menschen entgegengebracht wurde, mit denen wir in unserem Berufsleben lernen und arbeiten durften.
Wir danken auch folgenden Personen für die Unterstützung bei der Erstellung dieses Buches: Dr. Peter Beule, Wiebke Brüggemann, Claudia Daldrup, Theo Feller, Matthias Finke, Yvonne Jonen, Dr. Rüdiger Rhein, Annett Schellenberg, Jörg Schlange und unserem Lektor Ludwig Janssen.
Viel Spaß bei der Lektüre und viel Erfolg bei der Arbeit.

Reinhard Hötten und Thorsten Hirsch

Einleitung

Dieses Buch richtet sich in erster Linie an Fachkräfte, die als Jobcoach arbeiten oder vorhaben, dies zu tun. Das sind insbesondere Mitarbeiterinnen und Mitarbeiter in der Unterstützten Beschäftigung, in Integrationsfachdiensten, Werkstätten für behinderte Menschen, Berufsbildungswerken, Beruflichen Trainingszentren, innovativen Projekten jedweder Art sowie freiberufliche Jobcoaches. Darüber hinaus kann das Buch für alle interessant sein, die verstehen möchten, wie die Inklusion von Menschen mit Behinderungen im Betrieb gestaltet werden kann und welche Unterstützung Jobcoaching dabei bietet. Beispielhaft seien Vertrauenspersonen für schwerbehinderte Menschen, Personalverantwortliche, Arbeitgeber, Casemanager, Mitarbeiter von Leistungsträgern, Förderschullehrer, Ausbilder oder die betroffenen Menschen selbst genannt.

Was ist Jobcoaching?

Jobcoaching ist die methodisch fundierte Unterstützung der betrieblichen Inklusion eines Menschen mit Behinderung an seinem Praktikums- oder Arbeitsplatz durch Förderung der hierfür notwendigen individuellen und betrieblichen Lernprozesse. Primäre Ziele sind ein möglichst effektives und störungsfreies Arbeitsverhältnis sowie ein Kompetenzerwerb von Klient und Betrieb. Mit diesem Verständnis von Jobcoaching wird die Tätigkeit des Jobcoachs auf Aktivitäten im Betrieb fokussiert. Deren methodische Gestaltung ist der Kern des vorliegenden Buches.
Die Chancen für Menschen mit Behinderungen, einen angemessenen Arbeitsplatz auf dem allgemeinen Arbeitsmarkt zu finden, sind sehr unterschiedlich. Einige sind auf betriebliche Einzellösungen angewiesen. Diese gemeinsam mit allen Beteiligten zu entwickeln ist die Kernaufgabe von Jobcoaching. In vielen Prozessen haben wir bei unserer Arbeit sehr ermutigende Entwicklungen erlebt, von denen wir einzelne im

Buch darstellen. Jobcoaching ist dabei sowohl bei neuen wie bei bereits bestehenden Arbeitsverhältnissen einsetzbar (vgl. Bundesarbeitsgemeinschaft für Rehabilitation e.V. 2010).

Jobcoaching firmiert unter verschiedenen Bezeichnungen. Häufig synonym verwendet wird der Begriff »Betriebliches Arbeitstraining«. In der Unterstützten Beschäftigung (UB) wird von Innerbetrieblicher Qualifizierung (InbeQ) gesprochen, die Fachkräfte heißen Qualifizierungstrainer.

Unabhängig von der Bezeichnung ist es der besondere Ansatz von Jobcoaching, den Integrationsprozess direkt am Arbeitsplatz zu begleiten. Hierfür ist es notwendig, dass der Jobcoach am Arbeitsalltag teilnimmt und bereit ist, sich in die betrieblichen Abläufe zu integrieren. Das bedeutet konkret, Arbeitskleidung zu tragen, mitzuarbeiten, an Pausen teilzunehmen und damit die Arbeitssituation aus der Perspektive des unterstützten Arbeitnehmers, der Kollegen und der Vorgesetzten zu erleben und zu verstehen. Dies sind Beispiele für das, was wir Selbstintegration nennen. Sie ist der Schlüssel, der die Tür in den Betrieb öffnet. Daher ist Selbstintegration ein unverzichtbares Profilelement im Jobcoaching.

Durch den engen Bezug zum Arbeitsalltag ihrer Klientinnen und Klienten erleben Jobcoaches deren unterschiedliche Anforderungen genauso hautnah wie ihre Fähigkeiten und Grenzen. Auf dieser Basis entwickeln sie lösungsorientiert Ideen, wie Inklusion gefördert werden kann. Parallel und eng verzahnt bieten sie Mitarbeitenden und Vorgesetzten unter anderem Beratung bei der Gestaltung von Arbeitsanforderungen und Arbeitsabläufen, bei der Entwicklung der Zusammenarbeit oder Fragen des Führungsstils an. Dabei spielt die Kommunikation eine wesentliche Rolle: Einerseits beginnen Missverständnisse und Unsicherheiten oft klein und unscheinbar, können sich aber ohne Klärung zu massiven Problemen auswachsen. Andererseits beginnt Veränderung häufig mit einer neuen Art und Weise, die Situation zu sehen und auf eine neue Art darüber zu sprechen. Jobcoaching bedeutet also die Verzahnung zweier Entwicklungsprozesse: dem des Arbeitnehmers beim Erlernen der Arbeitsaufgaben sowie dem des Betriebes im Umgang mit den behinderungsbedingten Möglichkeiten und Grenzen des Arbeitnehmers.

Grundsätzliche Voraussetzung für die Beratung ist ein vertrauensvolles Arbeitsverhältnis zum Ratsuchenden. Ohne dieses erreicht auch ein sinnvoll und richtig erscheinender Rat sein Gegenüber selten. Jobcoaches profitieren hierbei von ihrer besonderen Rolle im Betrieb: Sie erarbeiten sich meist eine hohe Akzeptanz nicht nur beim unterstützten Arbeitnehmer selbst, sondern auch bei allen anderen im Arbeitsumfeld. Durch ihre häufige Präsenz können sie unmittelbar bei Fragen oder Problemen zurate gezogen werden. Dies erleichtert es, im Arbeitsalltag Blockaden zu lösen und Brücken zu bauen. So werden sie zunehmend auch von Kolleginnen und Kollegen oder Vorgesetzten geschätzt. Es geht dabei häufig um konkrete Themen aus dem Arbeitsalltag. Gelingt es dem Jobcoach, eine Lösung für Probleme zu finden, und erfahren die Beteiligten, dass auch ihre Anliegen aufgegriffen werden, gewinnt er schrittweise Vertrauen, und die Arbeit an einer tatsächlichen Integrationslösung erfolgt zunehmend gemeinsam. So können neue Chancen bei der Gestaltung der Teilhabe am Arbeitsleben und gelebte Inklusion entstehen.

Geschichte des Jobcoachings

Die Wurzeln des Jobcoachings liegen in zwei Bereichen: einerseits im Konzept der Unterstützten Beschäftigung, das schwerpunktmäßig bei neuen Arbeitsverhältnissen zur Anwendung kommt, und andererseits im Bereich der Unterstützungsangebote der Begleitenden Hilfen für Menschen mit einer Schwerbehinderung bei bestehenden Arbeitsverhältnissen. Konzeptionelle Entwicklungen der Methodik haben ihren Ursprung in beiden Bereichen.

Jobcoaching in der Unterstützten Beschäftigung

Ende der 1970er-Jahre wurde das Konzept der Unterstützten Beschäftigung (Supported Employment) im angloamerikanischen Raum entwickelt, in dem Jobcoaching einen zentralen Stellenwert hat. Die Aufgaben der Unterstützten Beschäftigung umfassen jedoch nicht nur die intensive Begleitung durch einen Jobcoach am Arbeitsplatz, sondern alle Aktivitäten und Maßnahmen, die zur Aufnahme einer bezahlten Beschäftigung notwendig sind, wie beispielsweise die Suche eines geeigneten Praktikums- oder Arbeitsplatzes (vgl. Doose 2012, S. 184).

In Europa startete die Unterstützte Beschäftigung in Irland und Großbritannien Anfang der neunziger Jahre, um sich wenig später in allen europäischen Ländern durchzusetzen. Im Jahr 1993 wurde die European Union of Supported Employment (EUSE) gegründet, 1994 die Bundesarbeitsgemeinschaft für Unterstützte Beschäftigung (BAG UB). 2007 wurden die ersten Qualitätsstandards der EUSE von der BAG-UB übersetzt und veröffentlicht (Bundesarbeitsgemeinschaft für Unterstützte Beschäftigung 2007).
Inhaltlich war die entscheidende Innovation der Unterstützten Beschäftigung, die Integration von besonders betroffenen Menschen mit Behinderungen im Arbeitsleben nicht nur auf Sondereinrichtungen zu beschränken, sondern stärker auf den allgemeinen Arbeitsmarkt auszurichten. Das Angebot richtete sich anfangs vor allem an Menschen mit Lernbeeinträchtigungen. Vorreiter in Deutschland waren die Hamburger Arbeitsassistenz (www.hamburger-arbeitsassistenz.de) und etwas später ACCESS in Erlangen (www.access-ifd.de).
Im Laufe der Zeit entstand eine Vielzahl von unterschiedlichen Unterstützungsangeboten mit Jobcoaching als wichtigem Element. Ähnliche Entwicklungen gab es auch europaweit, beispielsweise entwickelte sich in der Schweiz ab 2002 das Jobcoach-Projekt in Bern. Dieses Angebot an Unterstützter Beschäftigung ist speziell für Menschen mit psychischen Erkrankungen konzipiert (Hoffmann & Jäckel 2010).
Mit Inkrafttreten des § 38a SGB IX (www.sozialgesetzbuch-sgb.de/sgbix/38a.html) in Deutschland zum 1. Januar 2009 erhielten behinderte Menschen mit besonderem Unterstützungsbedarf das Recht auf Unterstützte Beschäftigung. In diesem Zuge wurde auch die Zielgruppe erweitert, sodass zum Beispiel auch Menschen mit psychischen Beeinträchtigungen von dem Angebot profitieren können. »Unterstützte Beschäftigung umfasst eine individuelle betriebliche Qualifizierung und bei Bedarf Berufsbegleitung. Nach einer kurzen, in der Regel bis zu acht Wochen dauernden Erprobung beim Maßnahmenträger werden betreute Einarbeitungsmaßnahmen in Betrieben durchgeführt. Ziel dieser Maßnahme ist die anschließende Integration beim Arbeitgeber in ein beitragspflichtiges Arbeitsverhältnis. Die Maßnahme kann je nach Qualifizierungsbedarf bis zu 24 Monate gefördert werden« (Bruning 2010, S. 230).

Jobcoaching in der Begleitenden Hilfe

Die Durchführung der Begleitenden Hilfe im Arbeitsleben ist eine der Hauptaufgaben des Integrationsamtes (§ 102 Abs. 1 SGB IX). Die Begleitende Hilfe umfasst alle Maßnahmen und Leistungen, die erforderlich sind, um dem schwerbehinderten Menschen die Teilhabe im Arbeitsleben und damit in der Gesellschaft zu sichern und Kündigungen zu vermeiden. Sie soll u.a. darauf hinwirken, dass Menschen mit Behinderungen an Arbeitsplätzen beschäftigt werden, auf denen sie ihre Fähigkeiten und Kenntnisse voll einbringen und weiterentwickeln können (siehe www.integrationsaemter.de/Fachlexikon).
Beim Integrationsamt des Landschaftsverbands Westfalen-Lippe (LWL) in Münster wurde bereits 1990 ein eigener Bereich für Betriebliches Arbeitstraining innerhalb des Psychosozialen Fachdienstes geschaffen, der bis heute erfolgreich arbeitet (www.lwl-jobcoaching.de). Primäre Zielgruppe sind berufstätige behinderte Menschen, deren Arbeitsverhältnis gefährdet ist. In den letzten Jahren sind auch Übergange von Förderschulen, Werkstätten für behinderte Menschen oder psychiatrischen Kliniken in den allgemeinen Arbeitsmarkt durch Jobcoaching begleitet worden.
Den Aktivitäten in Westfalen-Lippe folgten Jobcoaching-Angebote durch Integrationsämter in anderen Regionen Deutschlands. Nach unseren Kenntnissen sind dies: Hamburg seit 1996, Hessen seit 2006, Rheinland seit 2007, Niedersachsen und Berlin seit 2013.

Konzeptionelle Entwicklungen des methodischen Ansatzes

Eine Idee der Unterstützten Beschäftigung war es, eine Alternative zu Qualifizierungsmaßnahmen oder Ausbildungen zu entwickeln und die Integration in Arbeit direkt am Arbeitsplatz zu ermöglichen (erst platzieren, dann qualifizieren statt umgekehrt). Jobcoaching hat dabei das vorrangige Ziel der behinderungsgerechten Lernunterstützung am Arbeitsplatz. Der Ansatz in der Begleitenden Hilfe war ähnlich und begrenzte ursprünglich den Fokus auf das Lernen am Arbeitsplatz. Dieses Verständnis hat sich im Laufe der Zeit gewandelt. Mittlerweile wird unter Jobcoaching die umfassende betriebliche Integrationsbegleitung verstanden (vgl. Doose 2012).

Menschen aus dem betrieblichen Umfeld werden gleichwertig einbezogen, und der Beratungsfokus wechselt vom Einzelnen auf alle am Integrationsprozess beteiligten Gruppen und Personen. Jobcoaching ist also ein systemischer Ansatz. Bei erfolgreichen Integrationsprozessen findet in den meisten Fällen eine Annäherung an erreichbare Ziele statt, bei der unterstützte Arbeitnehmer wie auch alle anderen beteiligten Personen das zur Lösung beitragen, was sie entsprechend ihren Ressourcen und Möglichkeiten beitragen können. Es geht also im Jobcoaching nicht nur um Lernprozesse des behinderten Menschen, sondern auch um die aller anderen beteiligten Personen im Betrieb. Die Herausforderung, Behinderungen und Einschränkungen zu akzeptieren und damit produktiv und lösungsorientiert umzugehen, gilt für alle gleichermaßen.

Einsatzfelder, Angebote und Finanzierung von Jobcoaching

In den meisten Fällen verläuft die betriebliche Inklusion von Menschen mit Behinderung auch ohne Jobcoach problemlos. In bestimmten Situationen kann es jedoch notwendig sein, dessen professionelle Hilfe in Anspruch zu nehmen. Typische Anlässe sind die Neueinstellung eines behinderten Arbeitnehmers mit erhöhtem Unterstützungsbedarf bei der Einarbeitung, erheblich veränderte Arbeitsanforderungen, die Umsetzung an einen anderen Arbeitsplatz, behinderungsgerechter Qualifizierungsbedarf oder die Vermeidung einer Kündigung bzw. von Erwerbsunfähigkeitsrente. Auch die Wiedereingliederung nach längerer Arbeitsunfähigkeit oder massive Probleme im Arbeitsverhältnis führen oft zu einer deutlich geänderten Leistungsfähigkeit aufgrund von Erkrankung oder Behinderung und ggf. zu Unterstützungsbedarf der behinderten Person sowie der Beteiligten im Betrieb. In der Folge kann all dies die Einschaltung eines Jobcoachs notwendig machen.
Jobcoaching kann bei einem neuen oder bei einem bereits bestehenden Arbeitsverhältnis hilfreich sein. Die jeweiligen Angebote und die Finanzierung unterscheiden sich erheblich. Regional sowie in der Praxis der Leistungsträger werden Sachverhalte und Zuständigkeiten unterschiedlich ausgelegt und bewertet, was zu einer Bewilligungspraxis mit teils erheblichen Unterschieden führt.

Jobcoaching zur Integration in Arbeit als Kernprozess der Unterstützten Beschäftigung wird bundesweit von verschiedenen Leistungserbringern angeboten und kann von jedem Leistungsträger der beruflichen Rehabilitation (z. B. der Agentur für Arbeit, den Rentenversicherungen oder den gesetzlichen Unfallversicherungen) im Rahmen des § 38 a SGB IX finanziert werden. Dies ist auch über das persönliche Budget möglich. Informationen über Anbieter und aktuelle Projekte findet man über das Netzwerk der Bundesarbeitsgemeinschaft für Unterstützte Beschäftigung (www.bag-ub.de). Mittlerweile bieten auch einige Werkstätten für behinderte Menschen (www.bagwfbm.de), Berufsbildungswerke (www.bagbbw.de) oder ergotherapeutische Praxen Jobcoaching zur Integration in Arbeit an.

Einige Integrationsfachdienste verwenden Jobcoaching beim Übergang von der Förderschule oder von der Werkstatt für behinderte Menschen in den Beruf. In Verbindung mit Sonderprogrammen der Integrationsämter, z. B. »aktion5« zur Erstbesetzung eines Arbeitsplatzes mit einem behinderten Menschen in NRW (www.aktion5.de), ist ebenfalls eine Finanzierung von Jobcoaching möglich. Das »STAR«-Programm in NRW bietet beispielsweise eine maßgeschneiderte Unterstützung beim Übergang von der Schule in Ausbildung und Beschäftigung von (schwer)behinderten Jugendlichen.

Die »Initiative Inklusion« im Rahmen des Nationalen Aktionsprogramms der Bundesregierung zur Umsetzung der UN-Behindertenrechtskonvention (www.bmas.de/DE/Themen/Teilhabe-behinderter-Menschen/Meldungen/initiatve-inklusion-richtlinie.html) stellt zur Förderung der Teilhabe behinderter Menschen am Arbeitsleben auf dem allgemeinen Arbeitsmarkt insgesamt 100 Millionen Euro aus dem Ausgleichsfonds zusätzlich zu den bestehenden Regelleistungen für die Teilhabe schwerbehinderter Menschen am Arbeitsleben zur Verfügung. Diese und weitere Programme werden regional sehr unterschiedlich umgesetzt. Die jeweils zuständigen Integrationsämter (www.integrationsaemter.de/Kontakt/89c7/index.html) geben darüber weitere Auskünfte.

Zur Unterstützung des Übergangs von einer Werkstatt für behinderte Menschen auf den allgemeinen Arbeitsmarkt gibt es das Programm »Budget für Arbeit«, das bislang in Hamburg, Niedersachsen und Rheinland-Pfalz umgesetzt wurde (www.hamburg.de/basfi/budget-fuer-arbeit). In anderen Bundesländern gibt es ähnliche Programme, in

Westfalen heißt es »Übergang plus« (www.lwl.org/LWL/Soziales/integrationsamt/leistungen/uebergangplus2). Das Besondere an diesen Programmen ist die langfristige Fördermöglichkeit des Arbeitgebers aus Mitteln der Eingliederungshilfe nach dem SGB XII.
Schließlich können Menschen mit einer Behinderung oder Arbeitgeber einen Jobcoach auch eigenständig engagieren und bezahlen.
Sicherung von bestehenden Arbeitsplätzen von Menschen mit einer Schwerbehinderung ist primär Aufgabe der Integrationsämter. Mit der Durchführung einzelner Aufgaben werden meist externe Leistungserbringer beauftragt. Bei Beratungs- und Betreuungsaufgaben im Rahmen der begleitenden Hilfe für Menschen mit einem besonderen Unterstützungsbedarf sind dies in erster Linie die Integrationsfachdienste. Diese sind in diesem Bereich auch die ersten Ansprechpartner für Jobcoaching. In Westfalen-Lippe, Hamburg, Hessen, im Rheinland, in Niedersachsen und Berlin ist Jobcoaching ein selbstverständliches Instrument der begleitenden Hilfe; in anderen Bundesländern gibt es vereinzelt ähnliche Angebote.
In Nordrhein-Westfalen, Hessen und Niedersachsen erfolgt die Durchführung durch freiberuflich tätige Jobcoaches. Gesetzliche Grundlage ist SGB IX § 102 in Verbindung mit § 24 der SchwbAV (Maßnahmen zur Erhaltung und Erweiterung beruflicher Kenntnisse und Fertigkeiten). In Berlin haben die Integrationsfachdienste neben der Berufsbegleitung auch ein eigenständiges Jobcoaching-Angebot. Gesetzliche Grundlage ist SGB IX § 109 ff. Nähere Auskünfte bekommt man beim jeweiligen Integrationsamt als zuständigem Leistungsträger (www.integrationsaemter.de/Kontakt/89c7/index.html).
Im Rahmen der Unterstützten Beschäftigung in der zweiten Phase, also der Berufsbegleitung nach Abschluss eines Arbeitsvertrags, ist Jobcoaching prinzipiell ebenfalls möglich (www.bag-ub.de/ub/ub_ge_empf.htm). Die Finanzierung dieser Leistung kann von den Rehabilitationsträgern oder beim Vorliegen einer Schwerbehinderung von den Integrationsämtern übernommen werden. Ein Überblick über die Leistungen der begleitenden Hilfe ist im »ZB info« April 2012 zu finden (Bundesarbeitsgemeinschaft der Integrationsämter und Hauptfürsorgestellen 2012).
Eine umfangreiche und verständliche Darstellung des Systems der beruflichen Rehabilitation insbesondere für Menschen mit Lernschwierigkeiten ist bei Doose (2012, S. 88 f.) zu finden.

Fallbeispiele

In allen Fallbeispielen sind wesentliche Impulse, Reflexionen, Fragen und Argumente der methodischen Entscheidungsfindung des Jobcoaches kenntlich gemacht. Jedes der Beispiele ist individuell und einmalig, sie können ohne Weiteres nicht auf andere Fälle übertragen werden. Die Informationen sind aber als Anregungen nutzbar, um in anderen Situationen Ideen für passende Lösungen zu entwickeln. Die Beispiele kommen aus verschiedenen Branchen, zeigen Menschen mit unterschiedlichen Behinderungen und in sehr unterschiedlichen Lebens- und Arbeitssituationen.

Fallbeispiel Bäckerei: »Ich würde gerne Brötchen verkaufen.«

Der Jobcoach wird von einer Mitarbeiterin des Integrationsfachdienstes (IFD) angerufen, die für den Übergang von der Schule in das Arbeitsleben zuständig ist. Sie begleitet die junge Frau Knoche, die die 10. Klasse einer Förderschule mit dem Förderschwerpunkt geistige Entwicklung besucht. Frau Knoche hat einen Praktikumsplatz in einer Bäckerei gefunden, in der auch ihr Bruder arbeitet. Die Kollegin aus dem IFD bescheinigt ihr großes Engagement und hat ein Jobcoaching bereits mit Frau Knoche, ihren Klassenlehrerinnen, der Mutter und dem Praktikumsbetrieb angesprochen.
Die Kollegin aus dem IFD schildert folgende Situation: Die Klientin habe in der Backstube morgendliche Liefertouren für das Filialnetz verladen und sich bei der Arbeit in den frühen Morgenstunden erprobt. Das Arbeitstempo, die Vielfältigkeit der Waren und die kognitiven Anforderungen hätten sie jedoch erheblich belastet und sie fühle sich überfordert. Gemeinsam seien mit der Klientin, dem Personalleiter der Bäckerei und ihr andere Möglichkeiten für den Einsatz der Schülerin gesucht worden. Diese selbst habe geäußert: »Ich würde gerne Brötchen verkaufen.« Daher wurde vereinbart, ein schulbegleitendes Teil-

zeit-Praktikum in der Filiale am Stammsitz neben der Backstube fortzuführen.
Nach den ersten Tagen wurde deutlich, dass die Klientin sich weiterhin sehr engagiert, sich den Kunden gegenüber freundlich verhält und mit der Kollegin im Verkauf gut zusammenarbeitet. Der Betrieb äußert sich sehr positiv zur Praktikantin und der Personalleiter habe schon mitgeteilt: »Wenn die Praktikantin im Verkauf tätig sein kann, dann gibt es immer genug Arbeit in einer der Filialen.« Die Klientin selbst berichtet jedoch davon, dass sie Probleme habe, sich die Namen von Backwaren zu merken und richtig zu kassieren. Daraus sei die Idee eines Jobcoachings am Praktikumsplatz entstanden. Alle Beteiligten seien damit einverstanden und die Mitarbeiterin des IFD habe mit dem Integrationsamt eine Kostenübernahme vorbesprochen.

Die gute Vorbereitung der Kollegin aus dem IFD lässt eine gute Zusammenarbeit erhoffen und die Situation bietet Entwicklungspotenzial. Spannend wird es sein, ob die Praktikantin die Namen der Waren und die Bedienung der Kasse vor dem Hintergrund ihrer Behinderung lernen wird oder wie dies andernfalls kompensiert werden kann. Wahrscheinlich benötigt sie viel Zeit und eine auf ihre Bedürfnisse abgestimmte Unterstützung beim Lernen. Insgesamt eine Ausgangssituation mit Potenzial, die mir Lust auf die Arbeit macht.

(Fortsetzung Seite 79)

Fallbeispiel Sekretariat: »Gut, dass Sie endlich da sind.«

Den Jobcoach erreicht die Anfrage des Integrationsamtes. Es sei alles ganz verfahren und schwierig und es würde ein Jobcoach gebraucht, der nicht so leicht aus der Ruhe zu bringen sei. Die 47-jährige Frau Falk arbeite als Sekretärin in einer psychosozialen Beratungsstelle. Ihre Vorgesetzte habe vor mehreren Monaten die Kündigung angestrebt, die jedoch von der Geschäftsführung ihres Trägers abgelehnt worden sei. Gegenüber der Geschäftsführung, der IFD-Mitarbeiterin und der Klientin habe die Vorgesetzte ausführlich dargestellt, warum diese ihre Aufgaben als Sekretärin nicht erfüllen könne. Frau Falk fühle sich da-

durch öffentlich bloßgestellt und ungerecht behandelt. Die IFD-Mitarbeiterin teile den Eindruck der Klientin. Frau Falk war im Anschluss mehrere Monate psychosomatisch erkrankt und arbeitsunfähig, sie würde sich auch psychotherapeutisch behandeln lassen.
Aktuell solle nun die Wiedereingliederung erfolgen. Die Vorgesetzte von Frau Falk sei zu einem erneuten Versuch im Sekretariat der Beratungsstelle bereit. Die Mitarbeiterin des Integrationsfachdienstes hatte den Prozess beratend begleitet und den Beteiligten die Möglichkeit eines Jobcoachings vorgestellt. Frau Falk wünsche sich diese Unterstützung. Ziel aller Beteiligten sei es, der Klientin wieder eine Teilzeittätigkeit im Sekretariat zu ermöglichen. Der Fokus solle auf einer guten Zusammenarbeit mit der Vorgesetzten und den anderen Mitarbeitern liegen.

Viele Konflikte und Probleme werden von den Beteiligten beschrieben, die Aussage »alles ganz verfahren und schwierig« prägt den ersten Eindruck. Die berichteten Kränkungen und persönlichen Konflikte bergen die Gefahr, Lösungsmöglichkeiten zu übersehen und mich davon vereinnahmen zu lassen. Gleichzeitig reizt mich die Anfrage und mir stellt sich die Frage, ob sich die Beteiligten für eine Integrationslösung gewinnen lassen. Ich entscheide mich, beim Erstkontakt so wenig wie möglich die Probleme zu thematisieren. Stattdessen werde ich sagen: »Das Wesentliche für mich ist, wie Sie zukünftig Ihre Arbeitssituation so gestalten können, dass alle Beteiligten weitgehend zufrieden sind.« Zudem werde ich fragen, wie die Beteiligten konkrete Veränderungen erleben: »Mich interessiert insbesondere, woran Sie merken würden, dass sich hier etwas positiv verändert.« Mit diesen ersten Überlegungen, Lust auf die Begegnung und einer Portion Neugier auf kleine Hinweise auf veränderbare Dinge fahre ich zum Erstgespräch.

(Fortsetzung Seite 86)

Fallbeispiel IT-Service: »IT würde mich nicht so unterfordern.«

Die Schwerbehindertenvertrauensperson eines weltweit tätigen Konzerns meldet sich mit Unterstützungsbedarf für einen Mitarbeiter in der Warenannahme. Der junge Mann sei 28 Jahre alt und habe die Diagnose Asperger-Autismus. Herr Stauss sei seit zwei Jahren in der Warenannahme tätig, in der technische Geräte zur Reparatur angeliefert werden. Bei seiner Arbeit würden immer häufiger Fehler auftreten. Der Klient habe mitgeteilt, dass ihn seine Arbeit unterfordere. Sein Vorgesetzter teile diesen Eindruck. Herr Stauss habe den Wunsch, in den IT-Bereich zu wechseln, der seinen Fähigkeiten und Neigungen besser entspräche. Die IT-Abteilung habe jedoch Unsicherheiten gegenüber einem Autisten und wolle ohne Unterstützung bei der Erprobung einer Beschäftigung nicht zustimmen. Im Gespräch sei ein einjähriges Praktikum mit der Option einer Übernahme. Herr Stauss benötige Unterstützung, um sich in die neuen Arbeitsabläufe und in das neue Team einzuarbeiten. Die neue Abteilung benötige Hilfe dabei, wie eine zukünftige Arbeitssituation gestaltet werden könne und wie eine Einarbeitung erfolgen solle. Die Idee eines Jobcoachings sei gemeinsam erörtert und von den Beteiligten sehr begrüßt worden.

Ich hatte schon mehrfach mit diesem Unternehmen zu tun und die Zusammenarbeit war immer angenehm und konstruktiv. Jobcoaching ist dort bekannt und man nutzt dies, wo es möglich ist. Bei der Anfrage schwingt für mich die Frage mit, ob ein Wechsel in die IT-Abteilung auch fachlich sinnvoll und zu befürworten ist. Das wird für mich schwer einzuschätzen sein und ich habe ein wenig den Eindruck, die Aufgabe der Personalentscheidung für die IT-Abteilung übernehmen zu sollen.

(Fortsetzung Seite 96)

Konzeptionelle Grundlagen

Unser Konzept ist in erster Linie ein Ergebnis der Auswertung und Weiterentwicklung unserer praktischen Erfahrungen. Theoretische Grundlagen lieferten unsere eigenen Berufe und Weiterbildungen als Ergotherapeut, Ingenieur, Systemischer Berater und Supervisor. Aber auch der Austausch mit Jobcoach-Kollegen unter anderem aus kaufmännischen, handwerklichen und pädagogischen Berufen prägte die Entwicklung des Konzepts.
Wir entdeckten während dieses Prozesses Parallelen zu verschiedenen Modellen und Theorien, die unsere Arbeit inspirierten und Erfahrungen erklärten. Aus der Vielzahl der für unser Konzept bedeutsamen theoretischen Überlegungen möchten wir einige hervorheben: systemtheoretische Ansätze, lösungsorientierte Beratung, humanistische Pädagogik, Ergotherapie und kognitive Verhaltenstherapie. Dabei erlauben wir uns, nur diejenigen Inhalte darzustellen, die sich für die Arbeit als Jobcoach als nützlich erwiesen haben. Wir stellen die aus unserer Sicht wichtigen Elemente dieser Konzepte stark zusammengefasst und vereinfacht dar, ohne die Komplexität und Tiefe der Herkunftstheorie zu beschreiben. So entsteht eine Art »Handwerkskoffer-Konzept«, auf das wir auch in Fallreflexionen immer wieder zurückgreifen und das wir ständig weiterentwickeln.

Elemente aus systemtheoretischen Ansätzen

Die Beschäftigung mit systemtheoretischen Ansätzen hat unser praktisches Handeln inspiriert und uns zu wichtigen neuen Betrachtungen und Methoden verholfen. Bei der Systemtheorie von Niklas LUHMANN (1995) sind wir unter anderem auf den Begriff der »strukturellen Kopplung« gestoßen und haben überlegt, ob sich daraus ein methodischer Ansatz für Jobcoaching entwickeln lässt. Dies mündete schließlich im »Kopplungsfenster«, einem Werkzeug, das zur Grundlage der Zielfindung und damit zu einem zentralen Instrument des Konzepts wurde. Die Systemtheorie von Niklas Luhmann ist jedoch sehr komplex und wir erheben nicht den Anspruch, hieraus eine theoretisch belastbare Ableitung dieses Werkzeugs entwickelt zu haben.

Unter dem Begriff »System« wird eine aus einzelnen Elementen bestehende Einheit verstanden, die sich gegenüber ihrer Umwelt abgrenzt. Der Begriff »Umwelt« meint dabei alles, was nicht zum System gehört. So lassen sich Betriebe, Abteilungen oder ein Kegelclub als soziale Systeme verstehen. Ihre Umwelt besteht teilweise wiederum aus anderen Systemen, wie z. B. das Wirtschaftssystem oder staatliche Organisationen. Systeme sind daher nicht unabhängig, teilweise sind sie Voraussetzung füreinander und beeinflussen sich gegenseitig. Luhmann unterscheidet drei unterschiedliche Gruppen von Systemen: biologische (Leben, Organismus), psychische (Denken, Fühlen) und soziale (Kommunikations-)Systeme (Berghaus 2011, S. 62).

Systeme achten auf ihre Eigenständigkeit, sie erzeugen und reproduzieren sich selbst. Sie beobachten ihre Umwelt und sich selbst, gewinnen daraus Erkenntnisse, bewerten diese und handeln letztlich zur Sicherstellung des eigenen Systemerhalts. Mit Luhmanns Worten: Im Operieren erzeugen Systeme »eine Differenz von System und Umwelt. Sie erzeugen eine Form, die zwei Seiten hat, nämlich eine Innenseite, das System, und eine Außenseite, die Umwelt« (Luhmann 1995, S. 27). Systeme operieren innengesteuert gemäß ihren eigenen Regeln. Sie sind von außen nicht zielgerichtet festlegbar oder bestimmbar. Sie können sich jedoch gegenseitig beeinflussen und eng miteinander verbunden sein.

Zur Verdeutlichung dieses Unterschieds ein Beispiel von Gregory Bateson: »Wenn man einen Stein tritt, so kann man seine Flugbahn im Idealfall berechnen, da man die Gesetze der Physik anwenden (...) kann. Tritt man hingegen einen Hund, so kann man ebenfalls die Gesetze der Physik anwenden. Sie reichen aber nicht aus, um das Verhalten des Hundes vorherzusagen: Ob er davonfliegt oder wegläuft, bellt, jault oder beißt hängt zu einem guten Teil von seinem Innenleben ab und das ist von außen nicht beobachtbar. Der Hund (...) reagiert (...) in Abhängigkeit von seinen aktuellen inneren Zuständen und Strukturen« (nach Simon 2013, S. 51). In diesem Beispiel wird der Hund als System aufgefasst, der wiederum aus einzelnen (nicht näher beschriebenen) Elementen besteht.

Nach Luhmann sind Menschen als enge Verbindungen zwischen einem biologischen und einem psychischen System zu verstehen. In unserem

Kontext fassen wir Menschen vereinfachend als ein System auf. Ergibt sich auf der Basis von gegenseitiger Beeinflussung (aber eben nicht kausaler Festlegung) zwischen einem System und seiner Umwelt (bzw. anderen Systemen) eine dauerhafte Verbindung, nennt Luhmann dies eine strukturelle Kopplung (vgl. Berghaus 2011, S. 58 und Simon 2013, S. 78 f.).

Betriebe, Institutionen, Verwaltungen etc. oder Teile von ihnen (Abteilungen, Teams o. Ä.) bilden soziale Systeme. Ihre spezifische kommunikative Besonderheit findet Ausdruck in der kontinuierlichen Weitergabe von Regeln, die sie charakterisieren und zusammenhalten. Der Begriff »Regel« umfasst auch Werte, Rollen und Interaktionsmuster und meint im Grunde alles, was für das jeweilige soziale System (zum Beispiel für den Betrieb) typisch ist. Zuerst denkt man dabei an die Arbeitszeit, an Arbeitsinhalte oder an die Bezahlung. Sie betreffen aber weit mehr, unter anderem den sozialen Umgang, Kleiderregeln, den Umgang mit Kunden, die Arbeitsorganisation, die Anforderungen an Qualität und Arbeitsgeschwindigkeit, die Außendarstellung, den Wert menschlicher Begegnung, den Umgang mit Leistungsgrenzen, Stress, Fehlern oder Regelabweichungen.

Die Veränderung von Regeln geschieht als Reaktion auf Impulse von außen. Die hierdurch entstehenden Prozesse dienen letztlich immer dem Erhalt des Systems. Wie ein System auf Impulse reagiert, ist jedoch nicht vorhersehbar und liegt in autonomen Prozessen des jeweiligen Systems begründet. Die Entstehung solcher systemtypischen Regeln hat vielfältige Ursachen. Erfordernisse an die Zusammenarbeit, Besonderheiten des Produkts oder der Dienstleistung spielen beispielsweise eine Rolle. Manche Regeln gelten nur für Teilsysteme, zum Beispiel Abteilungen, andere für den ganzen Betrieb.

Die wenigsten sind formuliert und schriftlich festgehalten oder überhaupt aufschreibbar. Viele sind den beteiligten Menschen auch gar nicht bewusst. Der Kern der Gemeinsamkeit liegt jedoch in der weitgehenden (oftmals stillschweigenden) Anerkennung solcher Regeln im jeweiligen System oder Teilsystem. Durch Zusammenarbeit auf der Basis dieser gemeinsamen Regeln entstehen Verbindungen zwischen den Menschen. Dies gilt prinzipiell für alle Beschäftigten eines Unternehmens, gleichgültig, ob sie eine Behinderung haben oder nicht.

Bei der Beschäftigung von Menschen mit Behinderung können die Spielräume und die Anpassung von Regeln für einen Integrationsprozess eine besondere Rolle spielen. Im Einzelfall zeigt sich konkret, ob beispielsweise ein behinderter Arbeitnehmer lernen kann, die Arbeitsanforderungen zu erfüllen, oder ob der Betrieb seinen Spielraum nutzt, diese an dessen Möglichkeiten anzupassen. In den meisten Fällen geschieht beides. Dies zu ermöglichen und zu unterstützen, ist die wesentliche Aufgabe eines Jobcoachs.

Inklusion ist ein Prozess der Entwicklung von Verbindungen zwischen dem Menschen mit Behinderung und den relevanten betrieblichen Teilsystemen. Diese Verbindungen können systemisch betrachtet auch als strukturelle Kopplungen bezeichnet werden. Hierfür benötigt der Jobcoach das Wissen um die Voraussetzungen, wie Kopplungen entstehen: Eine derartige strukturelle Kopplung zwischen zwei Systemen entsteht dann, wenn das eine System Erwartungen aufbaut, die es für Einflüsse des anderen sensibel macht.

Anwendung in der Praxis

Die Idee der Kopplung lässt sich im Jobcoaching anwenden, indem kleinschrittig und praxisnah in zwei Richtungen überlegt wird: Was bringt der behinderte Mitarbeiter mit oder kann er lernen, das für den Betrieb von Bedeutung ist? Was kann der Betrieb beitragen, das für den Mitarbeiter und dessen optimales Einbringen seiner Fähigkeiten wichtig ist?

Jobcoaches suchen im Arbeitsalltag nach solchen Kopplungsmöglichkeiten. Sie berücksichtigen dabei nicht nur das, was unmittelbar erkennbar ist. Sie suchen nach Indizien für Kopplungen, die sich im Prozess entwickeln lassen und von den Beteiligten in Zukunft umgesetzt werden können. Normalerweise beginnt man dabei mit der Frage, ob der behinderte Mitarbeiter die geforderte Arbeitsaufgabe erlernen und bewältigen kann. Die Suche geht jedoch weiter: Kann ihm vonseiten des Betriebs dieses Lernen erleichtert werden? Kann er sich ganz andere Tätigkeiten aneignen, die für den Betrieb ein Gewinn sind, an die aber noch niemand gedacht hat? Kann ein Mitarbeiter besser verstehen oder nachfragen lernen, was von ihm erwartet wird? Kann sich ein Vorgesetzter bei Arbeitsaufträgen so anpassen, dass der behinderte Mensch sie verstehen kann?

Um Ansätze dieser Art zu finden, benötigt der Jobcoach Detailkenntnisse über die Teilsysteme. Er muss erfassen, welche Veränderungen für

die beteiligten Personen besonders wichtig sind, worauf sie sensibel reagieren und über welche Ressourcen sie verfügen. Dabei beruht jede Kopplung letztendlich auf einer autonomen Entscheidung der jeweils beteiligten Personen auf der Basis der gemeinsamen Regeln. Der Jobcoach versucht, die bestmöglichen Voraussetzungen für eine Kopplung zwischen den Beteiligten zu schaffen, kann sie grundsätzlich aber nicht verordnen oder erzwingen. Damit befindet sich der Jobcoach in einem Spannungsfeld. Einerseits ist es der Kern seiner Tätigkeit, passende Interventionen zu suchen und zu realisieren, andererseits ist er sich bewusst, dass alle Beteiligten autonom handeln und für sich selbst entscheiden, wie sie mit seinen Impulsen umgehen. Als hilfreich erweist es sich in der Praxis immer wieder, auf die unvorhersehbaren, sich selbst organisierenden Prozesse der Beteiligten bzw. des Betriebes zu vertrauen, nur daraus entwickeln sich systemeigene Lösungen. (→ »Wirkung von Interventionen, S. 113)
Mit dem systemischen Ansatz wird auch deutlich, dass die Unterstützung des Jobcoaches gleichberechtigt allen Teilen des jeweiligen betrieblichen Systems gilt. Dies umfasst den behinderten Menschen genauso wie Kollegen oder Vorgesetzte. Daher ist es für den Jobcoach unabdingbar, sich unabhängig und getrennt voneinander in die Perspektive aller relevanten Teilsysteme zu versetzen und die jeweiligen Regeln, Interessen, Werte, Ziele und Ressourcen zu verstehen. Das ist einer der wichtigsten Schlüssel für die Initiierung von Kopplungen – und damit für eine erfolgreiche Gestaltung der Inklusion. Voraussetzung hierfür sind vertrauensvolle Rahmenbedingungen, in denen Austausch, Reflexion und Veränderung stattfinden können. Geeignete Settings werden in dem Kapitel »Beginn des Jobcoaching-Prozesses« beschrieben, S. 57.
Die systemische Betrachtung ist auch für weitere Aspekte im Jobcoaching hilfreich. Viele Entwicklungen in sozialen Systemen lassen sich besser verstehen, wenn man sie als das Ergebnis von Wechselwirkungen begreift. Denn durch die Interaktion der Menschen und Gruppen besteht ein hohes Maß an wechselseitiger Beeinflussung. Auch kleine Veränderungen werden möglicherweise von anderen wahrgenommen, die ihrerseits darauf reagieren, was eine erneute Wirkung auslöst. Manchmal bleiben soziale Systeme durch solche Wechselwirkungen erstaunlich stabil, andere entwickeln gerade dadurch eine enorme Dynamik.

→ **Beispiel** Ein Mitarbeiter klagt über die mangelnde Anerkennung seiner Arbeit und wird nachlässig. Deshalb bekommt er auch keine Anerkennung. Er arbeitet jedoch schlecht, weil er keine Anerkennung bekommt. Hier verharrt ein System durch die wechselseitige Wirkung seiner Teile in einem ungünstigen Zustand, der nur durch ein verändertes Verhalten einer Seite geändert werden kann. Dies geschieht häufig nur durch einen Impuls von außen. ×

Jobcoaches kommen manchmal in Situationen, in denen der behinderte Mensch zum »Sündenbock« für Probleme gemacht wird. Das System entlastet sich, indem Probleme auf eine Person übertragen werden. Um diese Entlastung sicherzustellen, wird der Kollege mit Behinderung in seiner Rolle festgeschrieben, positive Aspekte und Veränderungsmöglichkeiten werden verneint. Vielleicht macht man sich sogar über ihn lustig oder er wird ausgegrenzt. Das kann verheerende Folgen für diesen Arbeitnehmer haben. Oftmals entwickelt er als Folge der Ausgrenzung Arbeitsprobleme, wird dauerhaft als »schwieriger« Kollege wahrgenommen und bestätigt damit die Projektionen.

Die Folgen für den Betrieb sind in der Regel ebenfalls negativ. Veränderungsnotwendigkeiten können über die Zuschreibung der Probleme an eine Person ignoriert werden, und die Arbeitsatmosphäre verschlechtert sich deutlich. Oft kann man hier nicht nur von einem »schwierigen« Kollegen, sondern mit der gleichen Berechtigung auch von einer »Schwierigkeit« des Betriebs sprechen. Das soziale System hält sich über diese Wechselwirkungen stabil (Schmidt & Berg 2002, S. 136).

In solchen Situationen hängt der Erfolg eines Integrationsprozesses davon ab, ob es (Teil-)Systeme im Betrieb gibt, die sich eine Veränderung wünschen. Ein Jobcoaching setzt die Wahrnehmung von (ggf. kleinen) positiven Veränderungen durch die beteiligten Personen voraus. Gelingt in einer derartigen Situation eine konstruktive Zusammenarbeit auf der Basis gegenseitiger Anerkennung, kann die Inklusion des behinderten Kollegen nicht nur für ihn selbst, sondern auch für die Arbeitsgruppe oder Abteilung einen emanzipatorischen Charakter haben.

In den Wechselwirkungen von Systemen und Teilsystemen kann auch eine große Chance für das Jobcoaching liegen. Veränderungen entstehen fast immer in kleinen Schritten, die von anderen wahrgenommen werden. Deren Reaktionen wirken wiederum zurück und stellen eine positive Verstärkung dar. Veränderungen werden insbesondere dann

gesehen, wenn vorab Ziele vereinbart und die Schritte dorthin als relevant erkannt wurden. Oftmals entsteht so ein dynamischer, sich wechselseitig verstärkender Prozess hin zu mehr Inklusion.
In den meisten Fällen muss der erste Schritt vom behinderten Menschen ausgehen. Dies hat auch etwas mit Machtverhältnissen zu tun, da diese festlegen, wer sich anpassen und Veränderungsbereitschaft zeigen muss. Die Bereitschaft der betrieblich Beteiligten, neue Schritte zu unternehmen, ist sehr unterschiedlich. Oft wird das Interesse hieran im Prozessverlauf größer. In einem gelungenen Prozess trägt jedes Teilsystem das zur Inklusion bei, was es aufgrund seiner Ressourcen beitragen kann.

Elemente aus der lösungsorientierten Beratung

Das Konzept der lösungsorientierten Beratung bietet dem Jobcoach hilfreiche methodische Ansätze, die sich erfolgreich am Arbeitsplatz umsetzen lassen. Der lösungsorientierte Ansatz beschäftigt sich in seinem Selbstverständnis und in seiner Methodik konsequent mit den tatsächlich möglichen Veränderungen. »Die Lösung hängt nicht zwangsläufig mit dem Problem direkt zusammen« (DE SHAZER & DOLAN 2008, S. 24). Die Ursachen eines Problems sind (so die pointierte These) für die Lösung nicht wichtig, weil sie zur Problemlösung nichts beitragen können. Gunthard Weber hat das auf den Punkt gebracht: »Wenn ich weiß, wie ein Karren in den Dreck gefahren wurde, weiß ich noch lange nicht, wie er wieder herauszuziehen ist« (WEBER 1994).
Lösungen brauchen einen eigenen Raum, in dem man sich nur auf sie konzentriert. Das zeigt sich auch in der Verwendung einer anderen Sprache: »Die Sprache der Lösungsentwicklung ist eine andere als die, die zur Problembeschreibung notwendig ist« (DE SHAZER & DOLAN 2008, S. 24). Wenn man einen Menschen anregen will, Veränderungsmöglichkeiten zu entwickeln, muss man ihm helfen, sich damit zu beschäftigen. »Die ganze Kunstfertigkeit des lösungsorientierten Beraters/Therapeuten besteht darin, die Phantasie des Klienten so zu beflügeln, dass er Änderungsmöglichkeiten zu sehen vermag und damit bereits einen ersten Schritt in einem Veränderungsprozess unternommen hat« (BAMBERGER 2010, S. 25).

Anwendung in der Praxis

Ein lösungsorientierter Jobcoach sucht gemeinsam mit der Klientin nach deren eigenen Lösungsansätzen und Stärken (Ressourcen). Oft finden sich diese in kleinen, manchmal momenthaften Ausnahmen, in denen die Klientin von ihrem normalen, problemstabilisierenden Muster abweicht und ein vom Betrieb gewünschtes Verhalten zeigt. Der Jobcoach greift dieses auf, verstärkt es und vermittelt der Klientin die Erfahrung einer wertschätzenden und zuverlässigen Begleitung beim Ausprobieren von Neuem. Er hilft ihr dabei, ihre Sichtweise um neue Aspekte und Möglichkeiten zu erweitern, und erarbeitet mit ihr ein realistisches Ziel. Er regt dazu an, erste kleine praktische Schritte dorthin zu entwickeln und zu gehen. Erfolge fördern die Selbstwirksamkeit und die Erfahrung konkreter Veränderungsmöglichkeiten. Eine solche lösungsorientierte Haltung nimmt der Jobcoach auch gegenüber allen anderen Beteiligten ein.

Trotzdem ist es nicht immer einfach, alte und festgefahrene Sichtweisen zu verändern und Veränderungsschritte zu unternehmen. Denn alte Rollen werden oft durch immer wieder im Betrieb erzählte »Geschichten« verfestigt und schreiben so zum Beispiel die Sonderrolle eines behinderten Menschen fest. Sie können ihm und auch seinen Kolleginnen und Kollegen jede Entwicklungsmöglichkeit nehmen.

Das Konzept des lösungsorientierten Jobcoachings bietet hier einen erprobten Weg. Wir haben beispielsweise gute Erfahrungen damit gemacht, direkt im Erstgespräch in einer möglichst großen Runde von Teilnehmern am Anfang den alten Geschichten kurz ihren Raum zu geben. Dann aber sollte der lösungsorientierte Prozess im Mittelpunkt stehen: »Beim Jobcoaching beschäftigen wir uns ausschließlich mit Lösungen für Ihre Situation. Ich kann Ihnen anbieten, Sie dabei zu unterstützen, diese zu finden, und bitte jeden, sich hieran aktiv zu beteiligen. Ich muss hierfür nicht im Detail wissen, was früher passiert ist. Wichtig ist es, neue Wege zu entdecken und auszuprobieren. Woran würden Sie zum Beispiel erkennen, dass sich etwas positiv verändert? Was könnte ein erster Schritt dorthin sein? Von welchen positiven Situationen wünschen Sie sich mehr?«

Elemente aus der humanistischen Pädagogik

Die humanistische Pädagogik wurde u.a. von dem Psychotherapeuten Carl Rogers geprägt. Er nennt in seinem Buch »Lernen in Freiheit« unter der Überschrift »Über das Lernen und wie es gefördert werden kann« (ROGERS 1974, S. 156f.) einige grundsätzliche Thesen, die uns wertvolle Impulse gegeben haben. Im Kontext unserer Arbeit als Jobcoaches wollen wir sie näher betrachten, auch und gerade weil Unternehmen im eigentlichen Sinne keine Lernorte sind. Es ist allerdings die Aufgabe des Jobcoachs, geeignete Lernbedingungen herzustellen.

Rogers geht von einem natürlichen Potenzial des Menschen zum Lernen aus. Er beschäftigt sich mit der Frage, welche Bedingungen dieses »natürliche Potenzial« benötigt, um sich entwickeln zu können. Insbesondere befasst er sich mit »Lernen, das in der eigenen Vorstellung eine Veränderung in der Organisation des Selbst einschließt« (ebd., S. 158). Er versteht hierunter eine persönliche Entwicklung zu selbst gesteuertem Verhalten, in der Menschen ihre Erfahrungen differenziert wahrnehmen, zu sich selbst in Beziehung bringen und Erkenntnisse für ihr Verhalten daraus gewinnen. Dies bedeutet in der Regel, auch Rückschläge in Kauf zu nehmen oder sich persönlich infrage stellen zu lassen.

Als Ergebnis dieser inneren Auseinandersetzung stehen Fähigkeiten, die eine hohe Relevanz beim beruflichen Handeln haben, wie etwa selbstständiges Planen, Handeln und Entscheiden oder auch soziale Kompetenzen. Rogers beschreibt die Entwicklung dorthin so: Dieses Lernen »wird als bedrohlich empfunden und hat die Tendenz, Widerstand hervorzurufen« (ebd.). Er benennt Bedingungen, die für das Erlernen dieser Kompetenzen erforderlich sind: »Solche Lernprozesse, die für das Selbst bedrohlich sind, werden leichter verstanden und assimiliert, wenn äußere Bedrohungen minimal sind« (ebd.).

Rogers beschreibt weitere lernfördernde Faktoren. Diese beziehen sich vor allem auf die Selbstbestimmtheit und die persönliche Relevanz der Lerninhalte. »Signifikantes Lernen findet statt, wenn der Lerninhalt vom Lernenden als für seine eigenen Zwecke relevant wahrgenommen wird. Signifikantes Lernen wird sehr oft durch Tun erreicht. Lernen wird gefördert, wenn der Lernende den Lernprozess verantwortlich mitbestimmt« (ebd., S. 161).

Anwendung in der Praxis

Im Unterschied zu institutionellen oder therapeutischen Kontexten geben Betriebe Rahmenbedingungen vor, die von wirtschaftlichen und nicht von pädagogischen Erfordernissen geprägt sind. Wendet man die Thesen von Rogers auf betriebliche Kontexte an, so werden unterschiedliche Auswirkungen deutlich. Die größten Vorteile des Lernens am Arbeitsplatz sind die unmittelbare Anwendbarkeit und die persönliche und alltägliche Relevanz der Lerninhalte. Beides ist entweder direkt erkennbar oder kann durch den Jobcoach praktisch und arbeitsbezogen verdeutlicht werden, wenn das Ziel (z.B. Erhalt des Arbeitsplatzes) für den Lernenden attraktiv ist.

Betriebe sind auch optimale Orte, um neu Erlerntes unmittelbar auszuprobieren. Dies betrifft Arbeitsinhalte genauso wie Verhaltensänderungen. Es ist die Aufgabe des Jobcoachs, hier gemeinsam mit seinem Klienten Zusammenhänge und mögliche Wirkungen abzuschätzen und sinnvolle Schritte zu erarbeiten.

Lernambivalenzen und Widerstände begegnen uns im Jobcoaching häufig dann, wenn vom Betrieb Änderungen des Arbeits- oder Sozialverhaltens gefordert werden. Menschen fühlen sich dadurch schnell persönlich angegriffen. Meistens reagieren Vorgesetzte (und häufig auch der Jobcoach) auf solche »Widerstände« des Mitarbeiters mit einer Erhöhung des Drucks und der Androhung von Konsequenzen. Eine Antwort im Sinne Rogers' darauf ist: mehr Selbstbestimmtheit und eine möglichst geringe äußere Bedrohung, also genau das Gegenteil.

Arbeitsverhältnisse sind allerdings keine selbstbestimmten Lernorte; die Lerninhalte sind als zu erbringende Arbeitsleistung vertraglich vereinbart, ihre Nichterbringung kann den Arbeitsplatz gefährden. Zudem findet Jobcoaching in dem halböffentlichen Raum eines Betriebes statt.

Aus der Spannung zwischen den optimalen Lernbedingungen, die Rogers beschreibt, und denen, die in Betrieben tatsächlich vorhanden sind, ergeben sich einige Konsequenzen für das Jobcoaching. Es stellt sich die Frage, wie dem Klienten während der Zeit des Lernens ausreichend Schutz geboten werden kann, um sich ohne »Bedrohung« ausprobieren zu können. Der Jobcoach hat eine prinzipiell andere Rolle und auch andere Mittel als der Vorgesetzte, der primär die unmittelbaren betrieblichen Interessen vertreten muss.

Die wichtigsten Gestaltungsmöglichkeiten des Jobcoaches sind:

- die Vereinbarung der Dauer des Jobcoachings als definierte Lernzeit;
- die Strukturierung des Gesamtprozesses in Phasen des Lernens und der Bewertung (→ »Inhalt und Struktur der Klärungs- und Planungsphase«, S. 62);
- die Wertschätzung des Klienten im direkten Kontakt unter Würdigung auch kleiner Erfolge;
- die Vermittlung dieser Haltung gegenüber dem betrieblichen Umfeld sowie
- die temporäre Wahl eines anderen Lernorts.

Trotz solcher Möglichkeiten werden auch Grenzen des Lernens am Arbeitsplatz deutlich. So ist z.B. die Entwicklung von Selbstständigkeit nicht »mal eben« nachzuholen. Ein solcher Prozess ist oft von Krisen begleitet, benötigt Zeit und eventuell auch einen anderen Rahmen. In vielen Jobcoaching-Fällen bieten kompensatorische Interventionen aus anderen Bereichen, z.B. die Verwendung von Hilfsmitteln, ein adäquates Führungsverhalten des Vorgesetzten oder geänderte Arbeitsstrukturen mehr Chancen auf Erfolg bei der Herstellung einer geeigneten Integrationslösung (→ »Realisieren von Lösungen: Phase der Intervention und Veränderung«, S. 111).

Elemente aus der Ergotherapie

Ein zentrales Ziel des Jobcoachings ist, Menschen beruflich handlungsfähig zu machen. Die Ergotherapie zeigt Wege auf, wie ein Klient beim gemeinsamen Handeln unter Berücksichtigung seiner Behinderung zu seiner individuellen beruflichen Leistung gelangen kann. Die Ergotherapie fokussiert dazu auf die Handlungswünsche und -möglichkeiten des Menschen vor dem Hintergrund seiner Behinderung und der betrieblichen Umwelt. Letztere wird in ihren physikalischen, sozialen und institutionellen Aspekten betrachtet. Die konzeptionellen Modelle der Ergotherapie, insbesondere das »Model of Human Occupation« (vgl. Kielhofner u.a. 2005) fassen die genannten Aspekte zusammen und geben eine hilfreiche, methodische und inhaltliche Übersicht.
Hilfreiche Ansätze aus der Ergotherapie sind auch das Wissen über Behinderungen und deren Auswirkungen auf die Handlungs- und Ar-

beitsfähigkeit des Betroffenen, die methodische Gestaltung von Lernprozessen für alltägliche Handlungen, methodische Möglichkeiten für die Anpassung von Umwelt und Arbeitsprozessen im Betrieb sowie die Erstellung, Einführung und Nutzung von pragmatischen Hilfsmitteln im Arbeitsalltag.

Anwendung in der Praxis

Der genaue Blick auf einzelne Tätigkeiten, um diese in ihrer Bedeutung für den Einzelnen zu verstehen und in ihren Anforderungen zu analysieren, hilft dem Jobcoach zu erkennen, was notwendig ist, um diese Arbeit auszuführen (→ Arbeitshilfe 1: Analyse von Handlungen und Arbeitstätigkeiten). Dies ist Voraussetzung für die Wahl einer passenden Intervention. So entwickelt der Jobcoach Ideen, wie in der konkreten Situation Anforderungen adaptiert oder behinderungsbedingte Einschränkungen kompensiert werden können.

→ **Beispiel** Der Jobcoach kann ohne viele Erklärungen die korrekte Reinigung eines Gartengeräts vormachen, er drückt dem Klienten dann auch die Werkzeuge in die Hand und lässt ihn dies nachmachen. Anschließend überprüfen sie gemeinsam das Ergebnis. Gegebenenfalls werden Arbeits- und Handlungsabläufe angepasst. Am Ende hat er eine einzelne Arbeitstätigkeit mit dem Klienten geübt und optimiert. ×

Die jeweiligen Arbeitsschritte werden dabei exakt an die individuellen Lernmöglichkeiten des Klienten angepasst. Damit werden Anforderungen so gestaltet, dass Lernen ermöglicht wird. Zudem kann der Jobcoach durch die Intensität seiner Mitarbeit die Anforderungen an den Klienten steigern oder senken. Beispielsweise kann er seinem Klienten anfangs einige Arbeiten abnehmen, damit dieser sich in Ruhe auf das Erlernen eines neuen Arbeitsablaufs konzentrieren kann. Oft erleben sich Klienten durch die Bewältigung leistbarer Anforderungen als handlungsfähig und entdecken und erweitern so ihre Ressourcen. Durch positive Rückmeldung gewinnen sie zudem an Selbstvertrauen und werden ermutigt, am Lernprozess während der dafür notwendigen Zeitdauer »dranzubleiben«. Letztendlich lernen sie dabei mehr als die reine Ausführung der Tätigkeit.

Jobcoaches erproben mit ihren Klienten Neues am Arbeitsplatz, sammeln mit ihnen Erfahrungen, werten diese aus und wiederholen sie. Die

Reflexion über die Selbst- und Fremdeinschätzungen gibt die Möglichkeit, die eigene Wahrnehmung mit denen anderer Personen aus der Arbeitsumgebung zu abzugleichen. Hierzu gehört es auch, dass der Klient nicht nur seine Möglichkeiten, sondern auch die Grenzen der eigenen Fähigkeiten erfährt und im Arbeitsalltag damit umzugehen lernt. Gerade ein verantwortlicher Umgang damit kann am Arbeitsplatz die oftmals entscheidende Akzeptanz bei Kollegen oder Vorgesetzten entstehen lassen.

Häufig optimieren Jobcoaches die Arbeitsplatzeinrichtung ihrer Klienten. Dabei spielt Wissen über ergonomische Abläufe genauso eine Rolle wie die Erfahrungen aus dem Arbeitsalltag und eine gute Portion »gesunden Menschenverstands«. Eine Werkzeugkiste anzulegen, um alles zusammenzuhaben, die Reinigungsgeräte auf einem Wagen bedarfsgerecht anzuordnen, Ablagefächer, Schreibunterlage, PC und Notizen auf dem Schreibtisch für die Arbeitsabläufe optimal zu platzieren, sind typische ergotherapeutische Beispiele aus der Praxis des Jobcoachings.

Ein weiterer wichtiger Beitrag der Ergotherapie ist der handlungsorientierte und kreative Einsatz von Hilfsmitteln. Dies können beispielsweise sein: Checklisten oder Ablaufpläne, mit denen Klienten ihre Arbeitsabläufe strukturieren, Tages- oder Wochenpläne, die helfen, an alles zu denken oder einen effektiven Ablauf zu planen, Piktogramme, die Informationen ohne Worte transportieren, oder Merkhilfen, die vor dem Vergessen wichtiger Termine oder Ereignisse schützen. Solche Hilfsmittel können Menschen mit Behinderungen befähigen, Tätigkeiten auszuführen und zu üben, bei denen sie ansonsten scheitern würden (→ »Realisieren von Lösungen: Phase der Intervention und Veränderung«, S. 111).

Elemente aus der kognitiven Verhaltenstherapie

Nicht nur ihr Handeln verändert Menschen, sondern auch die Art, wie sie sich und ihre Umwelt wahrnehmen, welche Schlüsse sie daraus ziehen und welche Handlungen sie daraus ableiten. Die kognitive Verhaltenstherapie stellt die aktive Gestaltung dieses Wahrnehmungs- und Entscheidungsprozesses in den Vordergrund. Der automatische Ablauf eines bestimmten Verhaltens wird sehr früh angehalten, das übliche Muster auf seine Angemessenheit und Konsequenzen überprüft und ggf. durch passende Verhaltensweisen ersetzt. So können alternative Handlungsmuster erlernt werden, wenn es im Arbeitsumfeld notwendig und vom Klienten gewollt ist.

Anwendung in der Praxis

Ein Mitarbeiter kann ausgehend von den Ideen der kognitiven Verhaltenstherapie beispielsweise lernen, seine persönliche Überforderungsgrenze anhand bestimmter, für ihn typischer Signale zu erkennen. Hierbei kann es sich beispielsweise um Reaktionen des Körpers auf psychische Belastungen handeln. Die meisten Menschen kennen ihre persönlichen Warnzeichen, achten jedoch nicht darauf. Daher muss diese Wahrnehmungssensibilität in der Regel eingeübt werden. Hierbei kann der Jobcoach unterstützen.

In einem zweiten Schritt kann der Klient lernen, darauf angemessen zu reagieren. Dies kann zum Beispiel heißen, eine Pause einzulegen, den Raum zu verlassen oder die Tätigkeit zu wechseln. Möglicherweise kann er so Aggressivität, Rückzug oder Fehler bei der Arbeit vermeiden und durch ein bewusst gesteuertes Verhalten ersetzen. Wenn der Klient einverstanden ist, kann eine freundliche Erinnerung an dieses neu erlernte Verhalten in vielen Fällen auch mit einem Kollegen oder der Vorgesetzten vertraulich abgestimmt werden.

Kernthemen im Jobcoaching

In diesem Kapitel werden einige generelle Kernthemen des Jobcoachings erläutert, bevor anschließend die einzelnen Phasen des Prozesses in Theorie und Praxis vorgestellt werden.

Behinderungsverständnis im Jobcoaching

Eine Behinderung ist etwas sehr Menschliches. Jeder von uns hat persönliche Stärken wie Schwächen oder »ungeliebte« Eigenschaften, die wir bewusst oder unbewusst nicht gerne zeigen. Menschen mit Behinderung können ihre offensichtlichen Grenzen meistens nicht verbergen, manche wollen das auch gar nicht. Die Begegnung mit ihnen fordert jeden Menschen dazu heraus, sich auch mit den eigenen Schwächen und Grenzen auseinanderzusetzen. Damit stellen Menschen mit Behinderung indirekt auch die scheinbar grenzenlose Machbarkeit und Optimierbarkeit unseres Zeitgeistes infrage. Wir alle sind auf wechselseitige Unterstützung angewiesen, was wir uns nicht immer eingestehen wollen. Dabei bietet die Akzeptanz einer persönlichen Schwäche im Grunde immer auch eine Entwicklungschance. Menschen, denen die Akzeptanz ihrer Unzulänglichkeiten und Einschränkungen gelungen ist, sind meistens eine Bereicherung für die Gemeinschaft. Dies gilt auch in Betrieben.

Der Weg zur Akzeptanz persönlicher Stärken und Schwächen ist ein Prozess der menschlichen Reifung. Auf diesem Weg hat jeder Mensch die Option, eine Herausforderung anzunehmen oder die Auseinandersetzung damit auf einen späteren Zeitpunkt zu verschieben. Nach unserer Überzeugung kann beides für eine bestimmte Situation unter Berücksichtigung der persönlichen Ressourcen eine gleichwertige Lösung sein. Die Entscheidung kann nur jeder Mensch für sich selbst treffen, sie kann nicht von außen in der einen oder anderen Richtung erzwungen werden.

Welche Konsequenzen ergeben sich hieraus für die Arbeit des Jobcoachs? Er kann als wohlwollender Begleiter Menschen dabei unter-

stützen, sich den Herausforderungen der Arbeit zu stellen, wenn diese das wollen. Er kann Wege aufzeigen, wie dies gelingen kann, und dazu ermutigen, sie auszuprobieren.
Manchmal begegnet ihm auch Trauer oder Wut über den Verlust von Fähigkeiten oder zerstörte Lebensentwürfe. Eine einfühlsame Begleitung kann den Abschied von nicht mehr erreichbaren Zielen erleichtern und so den Weg für neue Perspektiven öffnen. Eine persönliche Auseinandersetzung mit den eigenen Stärken und Schwächen macht den Jobcoach sensibler für die Themen behinderter Menschen und schafft oft eine Basis für wechselseitiges Vertrauen.

Der Betrieb als Arbeitsfeld des Jobcoachs

Ein Jobcoaching findet nicht im geschützten Rahmen einer Institution, sondern im Betrieb des Arbeitnehmers mit Behinderung statt. Aus diesem Arbeits- und Lernort ergeben sich Konsequenzen für die Arbeit des Jobcoachs, von denen wir einige Aspekte darstellen.

Behinderung im betrieblichen Kontext

Die meisten Menschen mit Behinderungen im Berufsleben definieren sich über ihre Rolle als Arbeitnehmer oder Arbeitnehmerin. Sie wollen nicht als »behindert« gesehen werden, sondern als Kollegin oder Kollege, so wie jede und jeder andere auch. Diese Haltung ist nicht nur nachvollziehbar, sondern für ein Jobcoaching und die Entwicklung einer betrieblichen Perspektive auch unabdingbar.
Die Unterstützung durch einen Jobcoach bringt einen Menschen mit Behinderung für eine gewisse Zeit jedoch in eine Sonderrolle. Auch wenn viele Menschen mit Behinderungen erleichtert sind, wenn sie sich mit ihrer Geschichte und Besonderheit verstanden fühlen, so lehnen jedoch manche von ihnen den Jobcoach am Arbeitsplatz ab. Sie befürchten dadurch eine zusätzliche Stigmatisierung. Dies ist nach unserer Erfahrung vermehrt bei psychisch kranken oder auch bei lernbehinderten Menschen der Fall. Dies hängt auch mit Vorbehalten vieler Menschen gerade in Bezug auf diese Behinderungsarten zusammen.
Der Integrationsprozess eines Menschen mit Behinderung in einen Betrieb berührt unausweichlich elementare menschliche Themen: das

Verhältnis zu eigenen Einschränkungen, Leistungsgrenzen und Besonderheiten sowie die Haltung zur Entwicklungs- und Lernfähigkeit von Menschen. Zu diesen Fragen gibt es oft fest gefügte Meinungen, die auch im Team oder in den ungeschriebenen Regeln der Betriebskultur ihre Entsprechung haben können. Im negativen Fall können Entwicklungen behindert werden oder es kommt zu Ausgrenzungen.

Der Jobcoach steht dafür ein, dass ein Mensch Unterstützung benötigen kann und bekommt und dass er seinem Klienten und den Beteiligten im Betrieb eine Entwicklung zu mehr Inklusion zutraut. Allein schon solch eine Haltung kann im Betrieb wie eine Intervention wirken, die versteckte Regeln sichtbar macht und damit bearbeitbar werden lässt. Typisch für die Verneinung von Entwicklungsmöglichkeiten sind generalisierende Aussagen unter häufiger Verwendung der Wörter immer, alles oder nie: »Der macht immer alles falsch«, »Das lernt der nie«. Der Jobcoach hat die Chance, solche Aussagen schrittweise zu differenzieren, die Wahrnehmung auf Ausnahmen und Veränderungen zu lenken und neue Haltungen und Sichtweisen anzustoßen. (→ Arbeitshilfe 5: Systemische Fragen im Jobcoaching)

Auch Diagnosen oder Behinderungsbilder können zu Vorurteilen beitragen oder diese bestätigen. Der Rückschluss von einer bestimmten Behinderungsart auf einen konkreten Menschen ist im Grunde immer eine Hypothese, die zutreffend oder falsch sein kann. Oft sind Bezeichnungen von Behinderungen in den Feststellungsbescheiden zur Anerkennung einer Schwerbehinderung veraltet und wurden nicht angepasst. Menschen werden durch die Zuschreibung eines Behinderungsbildes schnell in Schubladen gesteckt und damit in ihrer Entwicklungsmöglichkeit eingeschränkt. Wir wissen aus eigener Erfahrung, dass Behinderungsbilder auch in unserer eigenen Arbeit hinderlich sein können. Auch wir laufen Gefahr, einen Klienten primär danach einzuschätzen und ihn damit in eine Schablone zu pressen.

Es stellt sich die Frage, wofür ein Jobcoach überhaupt um die Behinderungsart seines Klienten wissen muss und ob es nicht ausreichend ist, seine Möglichkeiten und Grenzen im direkten Kontakt mit ihm kennenzulernen. Dies ist auch primär unser Weg, wobei wir Behinderungsbilder durchaus dazu nutzen, Hypothesen über die Handlungs- und Arbeitsfähigkeiten eines Menschen zu bilden. Sie helfen uns, uns schneller zu orientieren und den Kontaktaufbau über die Kenntnis typischer Auswirkungen, Lebenswege und Themen einfacher gestalten zu können.

Kenntnisse über Behinderungsarten und ihre Auswirkungen sind für den Jobcoach während des Integrationsprozesses auch wichtig, um geeignete Lernwege und angemessene Lösungen zu entwickeln. Durch die behinderungsspezifische Adaption der erforderlichen Lerninhalte, deren methodisch angepasste Vermittlung und durch die Verwendung geeigneter Hilfsmittel kann der Jobcoach wesentlich dazu beitragen, dass ein Mensch mit Behinderung Arbeiten ausführen kann, die ihm niemand zugetraut hätte. Darüber hinaus ist es für den Jobcoach wichtig, typische Reaktionen auf bestimmte Behinderungsarten zu kennen, um ggf. gezielt darüber zu informieren oder festgefügte Meinungen zu hinterfragen.
Man sollte jedoch vorsichtig mit Diagnosen und Bildern über bestimmte Behinderungsarten sein und immer den konkreten Menschen und dessen Möglichkeiten sehen. Im betrieblichen Kontext werden Diagnosen ohnehin nicht benötigt und unterliegen der Schweigepflicht. Im Bedarfsfall ist es ausreichend, ein bestimmtes Arbeitsverhalten als Auswirkung der Behinderung zu beschreiben, ohne jedoch eine Diagnose oder medizinische Fachbegriffe zu verwenden. Jobcoaches sollten hierfür Übersetzungshilfen zur Verfügung haben, mit denen sie typische Auswirkungen von Behinderungen allgemeinverständlich darlegen können. Eine Depression lässt sich z. B. mit »ausgebrannt sein« umschreiben; Probleme der Merkfähigkeit lassen sich ressourcenorientiert darstellen, indem hervorgehoben wird, dass eine Mitarbeiterin immer genau einen Arbeitsauftrag behalten kann (aber nicht sieben auf einmal).

→ **Beispiel** Menschen mit einer Hirnverletzung können manchmal nach einer Unterbrechung ihrer Tätigkeit diese nicht sofort wieder aufnehmen, was die Umgebung irritieren kann. Verständnis dafür lässt sich mit folgendem Bild verdeutlichen: »Sie wollen morgens das Auto aus der Garage holen. Ihr Mann hat den Wagen aber woanders geparkt, was er sonst nie tut. Sie werden Zeit brauchen, bis Sie sich sortiert und das Auto gefunden haben. Ähnlich geht es ihrem Kollegen bei jeder Unterbrechung seiner Tätigkeit.« ×

Eine gute Ideenquelle hierfür sind auch die »bewährten Entstörungen« von Schlippe und Schweizer (2006). Beispielsweise finden sich hier Ressourcen von Menschen mit Asperger-Syndrom: »enormes Langzeitgedächtnis für bestimmte Ereignisse und Fakten, (...) reagiert positiv auf regelmäßige Abläufe, (...) nimmt Bemerkungen genau, enorme Fähigkeit, Schwächen anderer zu entdecken« (SPITCZOK VON BRISINSKI, zitiert nach von SCHLIPPE 2003, S. 267).

Es kann auch hilfreich sein, Vorgesetzte und Kollegen darüber zu informieren, dass Menschen mit einem Förderschulabschluss manchmal viel Zeit und viele Wiederholungen benötigen, um Arbeitsschritte zu erlernen, ihnen das aber dann durchaus gelingen kann. Hier wirkt die Aufklärung über die Auswirkung einer Behinderung als Intervention, die zu angemessenen Lernbedingungen führen kann.

Einer der sinnvollsten Wege im Umgang mit Behinderungen ist es, den Klienten selbst zu ermutigen oder zu befähigen, mit seinen Kollegen oder Vorgesetzten über die Auswirkungen seiner Behinderung auf die Arbeit zu sprechen. Dann steht er selbst mit seinen Fähigkeiten und Grenzen im Mittelpunkt und nicht mehr ein abstraktes Behinderungsbild. Diese Offenheit kann eine ausgesprochen integrationsfördernde Wirkung haben, wenn die Beteiligten im betrieblichen Umfeld damit konstruktiv umgehen (können). Der Jobcoach kann hierfür, da man ihn ja ohnehin nicht »verstecken« kann, als hilfreicher Anstoß wirken. Letztlich trifft immer der behinderte Mensch selbst die Entscheidung darüber, ob und wie weit er über die Gründe und Auswirkungen seiner Behinderung informieren möchte. Der Jobcoach kann ihn über mögliche Formen der Information sowie über Vor- und Nachteile beraten.

Kooperationsbereitschaft von Unternehmen

Beim Jobcoaching ist es oft entscheidend, kreativ individuelle Lösungen entwickeln zu können. Der hierfür vorhandene Spielraum ist in Unternehmen sehr unterschiedlich ausgeprägt. Es sind vor allem drei Faktoren, die darauf wesentlichen Einfluss haben:

- die Langfristigkeit der Unternehmenspolitik,
- die betriebswirtschaftliche Situation sowie
- die Gestaltbarkeit von individuellen Lösungen infolge der Entwicklungsdynamik des Unternehmens.

Zur Einschätzung dieser Faktoren dienen Informationen zum Alter des Unternehmens, zu seiner Größe, seiner Gesellschaftsform, seiner Beschäftigungspolitik und zu seinem Geschäftsfeld. Zu den meisten relevanten Punkten lassen sich konkrete Informationen oder Hinweise im

Internet finden, die durch Auswertungen der persönlichen Eindrücke unterstützt werden.
Insgesamt sind folgende Faktoren für die Einschätzung der Kooperationsbereitschaft eines Unternehmens wichtig:
Langfristige Orientierung der Unternehmenspolitik: Seit wann gibt es das Unternehmen? Bildet es aus? Veröffentlicht es einen Nachhaltigkeitsbericht? Verfügt das Unternehmen über ein Konzept zur sozialen Verantwortung (CSR, Corporate Social Responsibility)? Hat es sich im Laufe seiner Geschichte organisch entwickelt, was z. B. an einer schrittweise gewachsenen Gebäudestruktur deutlich werden kann? Gibt es eine Kultur des Problemdiskurses zwischen Arbeitgeber und Arbeitnehmervertretung? Ist das Unternehmen an Themen der Beschäftigung von Menschen mit Behinderungen interessiert und kooperiert es hierzu mit externen Fachkräften?
Betriebswirtschaftliche Situation: Ist das Unternehmen wirtschaftlich gesund? Stellt es neue Mitarbeiter ein? Gibt es Informationen über einen anstehenden Verkauf, eine Übernahme oder droht gar eine Insolvenz? Wie geht es der Branche im Allgemeinen? Welches Bild erhält man bei einer Betriebsbegehung? Stehen Räumlichkeiten leer, sind Maschinen, Geräte und Einrichtung auf dem aktuellen Stand? Sind die Produkte zukunftsfähig? Entspricht die Zahl der Mitarbeitenden dem Umsatz?
Strukturelle Gestaltungsmöglichkeiten: Die Möglichkeiten der Gestaltung von angepassten Arbeitsplätzen sind auch von der Entwicklungsphase eines Unternehmens abhängig. Unternehmen durchlaufen mit zunehmender Größe typischerweise drei Phasen, die durch unterschiedliche innerbetriebliche Strukturen gekennzeichnet sind (Glasl & Lievegoed 2004, S. 61 f.). Die Dauer der einzelnen Phasen ist dabei sehr unterschiedlich, es handelt sich aber eher um Jahrzehnte als um Jahre.
Die Anfangszeit zeichnet sich durch eine flache Hierarchie, hohe Flexibilität und schnelle, direkte Kommunikation aus. Sie wird als Pionierphase bezeichnet. Jeder macht alles, der Inhaber kennt jeden persönlich und alle Entscheidungen laufen über ihn. In dieser Phase lassen sich häufig Lösungen für die Beschäftigung eines Menschen mit Behinderung finden, wenn man den Chef oder die Chefin dafür gewinnen kann. Wächst das Unternehmen, lässt es sich irgendwann nicht mehr auf diese Weise führen. Es entsteht die Notwendigkeit der Einführung von

Betriebsstrukturen, wie beispielsweise Hierarchien, Abteilungen, Regelung von Arbeitsabläufen und Zuständigkeiten. Man spricht vom Übergang in die Differenzierungsphase. Jetzt liegt die Personalverantwortung vielleicht nicht mehr direkt beim Chef, sondern beim Abteilungsleiter, der bis vor Kurzem noch Kollege war. Diese Übergänge sind für die Mitarbeitenden kompliziert und häufig mit Widerständen verbunden. Wird diese Notwendigkeit von der Unternehmensführung erkannt, wird der Aufbau von Strukturen massiv vorangetrieben. Für eine Übergangszeit werden sie sogar wichtiger als die dort tätigen Menschen. Mitarbeiterinnen und Mitarbeiter werden tendenziell austauschbarer, das Unternehmen überlebt dann aber letztendlich dank seiner neu gefundenen Strukturen. In dieser Unternehmensphase sind die Gestaltungsfreiheiten des Unternehmens eingeschränkt, der Jobcoach wird es schwer haben, Integrationslösungen für einen Arbeitnehmer mit Behinderung zu verhandeln.

Die dritte Phase wird als Integrationsphase bezeichnet. Hier sind die Strukturen so stabil und in der Kultur des Unternehmens verankert, dass keine Gefahr mehr besteht, dass sie durch kleinere Abweichungen, wie Sonderregelungen in Bezug auf Arbeitsleistung, Inhalte oder Zuständigkeiten, gefährdet werden. Für den Jobcoach wird es daher wieder leichter, Ausnahmen von betrieblichen Regeln für einen Mitarbeiter mit Behinderung zu vereinbaren.

Inhaber- oder familiengeführte Unternehmen weisen im Unterschied zu Kapitalgesellschaften meistens gute Bedingungen für die Beschäftigung von Menschen mit Behinderungen auf. Sie sind tendenziell langfristig orientiert (Übergabe an die Nachfolgegeneration), haben eher flache Hierarchien und sind oft regional verankert und damit in soziale Wertemuster eingebunden. Häufig werden familiäre Beziehungsmuster auf das Unternehmen übertragen. Es hängt dann vom Eigner ab, ob sich Strukturen behinderungsgerecht gestalten lassen. Inhabergeführte Unternehmensformen sind beispielsweise Einzelunternehmen, GBR oder OHG. Bei einer GmbH hängt es davon ab, in wessen Besitz sich die überwiegenden Gesellschafteranteile befinden. Ist dies der Geschäftsführer selbst oder liegt der überwiegende Anteil im Familienbesitz, hängt die Verhandelbarkeit von Einzellösungen wiederum an der Person des Eigners oder der Tradition der Familie. Filialen können rechtlich selbstständig (z. B. beim Franchisesystem) und damit eignergeführt sein oder quasi als Abteilung eines Unternehmens geführt werden.

Diese Faktoren können Hypothesen ermöglichen, die die Suche nach Gestaltungsmöglichkeiten erleichtern. In einer konkreten Situation können sich davon unabhängig immer Kopplungsmöglichkeiten zeigen, für die man offen bleiben sollte.

Umgang mit Hierarchien und Macht

Unternehmen, öffentliche Verwaltungen und Institutionen sind soziale Systeme, in denen Arbeitgeber und Arbeitnehmer in bestimmter Weise ihr Handeln koordinieren, um gemeinsam ein Produkt herzustellen oder eine Dienstleistung zu erbringen. Ihr Verhältnis ist in erster Linie durch den Austausch von Entlohnung und Arbeitsleistung bestimmt. Die Organisationsstruktur ist in der Regel hierarchisch. Daher spielt das Thema Umgang mit Hierarchien und Macht sowie deren Wirkung im Jobcoaching eine wichtige Rolle.

Strukturelle Formen von Machtausübung kennen wir zum Beispiel bei der Festlegung von Tätigkeiten und Anforderungen, bei der Bewertung von Arbeitsergebnissen, der Einstellung oder Kündigung von Beschäftigten. Weniger offensichtlich, jedoch häufig für die betroffenen Menschen genauso gravierend sind informelle Formen von Macht wie zum Beispiel unklare Entscheidungsstrukturen oder Ausgrenzungen, wie wir sie beim Mobbing kennen.

Menschen mit einer anerkannten Schwerbehinderung verfügen kraft ihres besonderen rechtlichen Status (gewollt oder ungewollt) über gesetzlich abgesicherte Macht, z. B. in Form des Kündigungsschutzes.

Jobcoaching ist ein Veränderungsprozess, der auf dem Lernen von Menschen beruht. Es gilt daher, sich mit dem Verhältnis von Lernen und Macht zu beschäftigen. Carl Rogers (1974, S. 157) betont, dass signifikantes Lernen dann stattfindet, wenn der Lerninhalt vom Lernenden für seine eigenen Zwecke als relevant wahrgenommen wird und nicht im Rahmen einer Weisungsbefugnis verordnet wird. Der Arbeitnehmer muss für sich prüfen, ob er die Ziele des Arbeitgebers als eigene akzeptieren kann. Der Jobcoach kann ihm bei der Klärung helfen und Hilfe beim Erlernen der erwarteten Anforderungen zusagen.

Lernen bedeutet, auch Fehler machen zu dürfen. Wenn diese erhebliche negative Konsequenzen zur Folge haben können, wird man sie möglichst vermeiden. Dies kann beispielsweise während Kündigungsschutzverfahren von schwerbehinderten Menschen der Fall sein, insbesondere dann, wenn bereits juristische Schritte eingeleitet worden sind. Jobcoaching ist meistens in solchen Fällen ungeeignet, wenngleich es auch Situationen gibt, in denen der Kündigungsantrag des Arbeitgebers beim Integrationsamt in erster Linie ein versteckter Hilferuf nach geeigneten Unterstützungsmaßnahmen darstellt (→ »Beginn des Jobcoaching-Prozesses«, S. 57).

Lernen benötigt einen besonderen Schutzraum, in dem Lernende wertschätzende Begleitung und angemessene Herausforderungen erfahren. Macht bedeutet in diesem Zusammenhang nicht unbedingt eine Bedrohung, sie kann auch positiv wirken. Die Zusage eines Arbeitgebers, den zugesagten Praktikumszeitraum trotz Arbeitsproblemen nicht vorzeitig zu beenden, ist z. B. eine positive Form der Machtausübung. Eine solche »Verordnung« schafft den nötigen Schutzraum, den der Mitarbeiter mit Behinderung für seine Entwicklung benötigt. Sollten bei einer solchen Entscheidung andere wichtige Personen im Unternehmen nicht beteiligt worden sein, erfahren diese Ohnmacht, da sie in der Hierarchie übergangen wurden. Es besteht die Gefahr, dass sie dadurch erheblich weniger zur Inklusion beitragen, als möglich wäre. Diese und ähnliche Zusammenhänge erfährt der Jobcoach im Laufe seiner Arbeit. Sie helfen ihm, sich zu orientieren und die richtigen Personen passend anzusprechen.

Eindeutige und mit Konsequenzen verbundene Aufforderungen zum Lernen können für einen Menschen bedeuten, sich mit einem Thema auseinanderzusetzen, das er eigentlich lieber vermeiden möchte. Diese innere Auseinandersetzung kann durchaus krisenhaft sein, im Ergebnis kann sie aber zu einem bedeutenden Lernfortschritt führen. Voraussetzung dafür ist allerdings, dass der Mitarbeiter das Ziel aus eigener Entscheidung akzeptiert und lernen möchte, es zu erreichen. Eine wertschätzende Unterstützung erleichtert die innere Auseinandersetzung mit dem vereinbarten Ziel; eine dauerhafte Überforderung oder ein Erleben von Fremdbestimmtheit und Ohnmacht wird sie verhindern.

Der Jobcoach hat keine funktionale Macht. Er ist nicht in die Strukturen des Betriebs eingebunden und kann nicht dessen Aufgaben übernehmen. Weder die Mitarbeiterführung noch die Festlegung von Arbeitsinhalten und -anforderungen gehören zu seinen Aufgaben. Der Jobcoach kann den Arbeitgeber beraten und deutlich machen, dass eine Lösung nur möglich sein wird, wenn jeder – also auch er – seine Aufgaben wahrnimmt (→ »Rollen- und Aufgabenklärung«, S. 102). Er kann den Arbeitgeber auch zu behinderungsbedingt notwendigen Regelanpassungen beraten, z.B. zur Vermeidung von Überforderungen. Während des Prozesses versucht der Jobcoach, die Lernbedingungen so zu gestalten, dass ein persönlicher Entwicklungs- und kein reiner Anpassungsprozess möglich wird.

Durch diese Abhängigkeit von betrieblichen Strukturen kann der Jobcoach Ohnmacht und Hilflosigkeit erleben. Dies ist typischerweise der Fall, wenn er die Bewertung seines Klienten als ungerecht empfindet oder betriebliche Entscheidungen dessen Lernfortschritte verhindern. Ein Jobcoach benötigt daher ein geklärtes Verhältnis zu betrieblichen Machtstrukturen, um vorhandene Gestaltungsmöglichkeiten zu entdecken (→ »Nähe und Distanz beim Jobcoaching«, S. 48).

Dem Jobcoach kann im betrieblichen Kontext jedoch auch Macht zugeschrieben werden, die ihn verführen kann, sich selbst zu überschätzen und seine Kompetenzen zu überschreiten. Dies geschieht zum Beispiel bei Betrieben, in denen Vorgesetzte ihre Leitungsrolle nicht wahrnehmen. Verfügt der Jobcoach über besondere Fachkenntnisse aus dem Arbeitsfeld des Betriebs, kann ihn das dazu verleiten, mit dem Vorgesetzten in Konkurrenz zu treten. Versteckte »Freundschaftsangebote« von Kollegen, die indirekt dazu auffordern, sich gegen den Chef zu verbünden, können je nach Betriebsdynamik ebenfalls verführerisch für den Jobcoach wirken.

Der Jobcoach selbst ist abhängig von den Personen oder Institutionen, die ihn bezahlen. Erfolgt seine Finanzierung nicht durch einen unabhängigen Leistungsträger, sondern in direkter Bezahlung durch den Klienten oder den Arbeitgeber, bedarf dies im Einzelfall besonderer Aufmerksamkeit. Möglicherweise ist mit dieser Beauftragung eine Erwartung an die Durchsetzung einseitiger Interessenansprüche verbunden. Diese Gefahr besteht insbesondere bei Konflikten im Arbeitsverhältnis. Entsprechende Erwartungen oder Befürchtungen müssen bei der Beauftragung offengelegt und geklärt werden. Eine vergleichbare Situation kann auch bei einer Finanzierung durch das persönliche Budget eintreten.

Rollenverständnis des Jobcoachs

Der Jobcoach sieht sich selbst als Dienstleister, der die Beteiligten bei ihren Bemühungen um Inklusion unterstützt. Er ist sich der Grenzen seiner Methode bewusst und weiß, dass diese nur in hierfür geeigneten Fällen eingesetzt werden kann (→ »Beginn des Jobcoaching-Prozesses«, S. 57). Dies beurteilt er zu Beginn und macht den Beteiligten ein Angebot, das er fachlich vertreten kann.

Gleichzeitig wird ihm oft eine Rolle zugeschrieben, bevor er den Betrieb betreten hat. Allein die Beschäftigung mit der Idee eines Jobcoachings durch den Betrieb oder den behinderten Menschen hat bereits eine Wirkung im System. Welche Veränderungen werden erwartet? Welche Befürchtungen löst die Idee aus? Mit welchen Interessen wird ein Jobcoaching verbunden?

Ist die Idee erst einmal im Gespräch und haben sich einige dafür ausgesprochen, kann es schwierig sein, ein Jobcoaching abzulehnen, auch wenn es dem Jobcoach selbst nicht sinnvoll erscheinen sollte. Die damit verbundenen Erwartungen können übermächtig werden, wenn damit beispielsweise die unbedingte »Rettung« des Arbeitsplatzes oder die Bestätigung einer Kündigungsabsicht verbunden wird. In diesen Situationen ist der Jobcoach nicht mehr frei, eine ergebnisoffene Einschätzung zum Erfolg eines Jobcoachings zu entwickeln. Ein Weg aus diesem Dilemma kann darin liegen, Informationen über die konkrete Situation über den Leistungsträger oder beteiligte Fachkräfte, wie zum Beispiel den IFD, einzuholen, bevor der Jobcoach mit Klient oder Betrieb in Kontakt tritt (→ »Beginn des Jobcoaching-Prozesses«, S. 57).

Oft wird ein Jobcoach am Anfang vom Arbeitgeber gefragt, ob er über einschlägige berufliche Fachkenntnisse verfüge. Tatsächlich haben viele Jobcoaches mehrere Qualifikationen. Berufsspezifisches Fachwissen über die Tätigkeit der Klienten ist jedoch meist nicht entscheidend. Bei Anlerntätigkeiten reicht es aus, sich die Arbeit im konkreten Fall zeigen zu lassen. Branchenkenntnisse, Betriebserfahrungen und insbesondere früher durchgeführte Jobcoachings in ähnlichen Bereichen sind oft sehr hilfreich. In vielen Fällen verfügt der behinderte Mitarbeiter selbst über die fachliche Kompetenz, setzt sie jedoch im betrieblichen Alltag nicht angemessen ein. In diesen und ähnlichen Fällen steht das Erlernen von betriebs- und tätigkeitsübergreifenden Schlüsselqualifikationen im Mit-

telpunkt (→ Fallbeispiel IT). Ein fachlich versierter Ansprechpartner im Betrieb, der auch die Anforderungen und Abläufe des Unternehmens kennt, ist in jedem Fall eine wichtige Unterstützung für den Jobcoach.
Im Betrieb achtet der Jobcoach auf seine Unabhängigkeit. Er handelt weder im Auftrag des Arbeitgebers noch des Arbeitnehmers, sondern ist dem gemeinsam formulierten Auftrag und dem Ziel einer Integrationslösung verpflichtet. In der praktischen Arbeit zeigt sich diese Unabhängigkeit beispielsweise in der Verwendung des »Kopplungsfensters« bei der Planung am Anfang des Prozesses (→ »Inhalt und Struktur der Klärungs- und Planungsphase«, S. 62). Dabei sucht er gleichberechtigt nach Interessen und Ressourcen des behinderten Menschen und des Betriebes und versucht, hieraus mögliche Kopplungen und Ziele abzuleiten. Auf dieser Basis entwickelt er ein Angebot, mit dem er mit den Beteiligten in Verhandlung tritt. Das Ergebnis ist die Basis der weiteren Zusammenarbeit. Dieser Ansatz dient dem gemeinsamen Interesse, ein möglichst störungsfreies, stabiles und effizientes Arbeitsverhältnis zu gestalten.
Während des gesamten Prozesses wirkt der Jobcoach als »Dritter im System«. Seine Rolle ändert sich entsprechend den einzelnen Phasen (→ »Lernen des Jobcoachs«, S. 102, und → »Realisieren von Lösungen«, S. 111). Er versucht immer, eine allen Parteien gleichermaßen zugewandte Haltung einzunehmen, sich nicht einseitig zu solidarisieren und die Beteiligten bei ihrem Bemühen um Inklusion zu würdigen.

Nähe und Distanz beim Jobcoaching

Die Entwicklung von emotionaler Nähe zu den Menschen, mit denen der Jobcoach zusammenarbeitet, spielt für ihn eine genauso entscheidende Rolle wie der notwendige emotionale Abstand. Nähe ist durch das Verstehen und die persönliche Betroffenheit geprägt, der emotionale Abstand von der Analyse und der »distanzierten« Betrachtung der Gesamtsituation. Das Jobcoaching unterscheidet sich damit prinzipiell nicht von jeder anderen qualifizierten Beratungsarbeit. Beim Jobcoaching erlebt man seinen Klienten und dessen Arbeitsumgebung jedoch sehr viel unmittelbarer und intensiver. Außerdem arbeitet man nicht

nur für eine Person, sondern im Auftrag aller, die die Integration im Betrieb fördern möchten.
Als »Externer« ist es für den Jobcoach eine Herausforderung, auch zu Kollegen und den Belangen des Betriebs eine gewisse Nähe zu entwickeln. Methodisches Instrument dafür ist die Selbstintegration (→ »Lernen des Jobcoachs«, S. 102). Der Satz »Jobcoaches sind Kollegen auf Zeit« beschreibt die besondere Beziehungsgestaltung zum behinderten Menschen und zu seinen Kolleginnen und Kollegen.
Bei der alltäglichen Interaktion im System Betrieb erfährt und versteht man dessen Regeln. Man erlebt Zusammenhänge, die zur gegenwärtigen Situation geführt haben, und warum Veränderung möglicherweise schwierig ist. Dadurch ist man den Menschen nahe, sie fühlen sich verstanden und es kann Vertrauen entstehen. Die sich so entwickelnde Arbeitsbeziehung bietet gleichzeitig die Chance, neue Ideen an die Beteiligten heranzutragen. Es besteht allerdings auch die Gefahr, dass man bestehende Problembeschreibungen und unbewusste Regeln des Systems übernimmt und sie damit verfestigt.

→ **Beispiel** Eine große öffentliche Verwaltung ist von Stillstand geprägt. Allgemein wird Veränderungen mit innerer Abwehr begegnet, gleichzeitig wird über die Rückständigkeit der Verwaltung geklagt. Übernimmt man als Jobcoach diese Stimmung, wird man vorhandene Veränderungsmöglichkeiten nicht sehen. Man empfindet die gleiche Ohnmacht wie alle Beteiligten. Wenn das Jobcoaching eines Menschen mit Behinderung erfolglos verläuft, wird man dies als Bestätigung der Unveränderbarkeit auffassen, ebenso wie die Mitarbeiterinnen und Mitarbeiter in der Verwaltung. Ihre Sichtweise wird durch den Jobcoach bestätigt, was vielleicht sogar ein »verdeckter Auftrag« an ihn war. Für den Menschen mit Behinderung hat der Jobcoach keine positive Veränderung bewirken können, sondern die Sichtweise des Betriebs auch noch fachlich bestätigt und festgeschrieben. ×

Dieses Beispiel verdeutlicht die Notwendigkeit emotionaler Distanz. Dadurch kann es gelingen, sich nicht im System zu verfangen, sondern neue und überraschende Lösungsideen zu entwickeln und diese auf der Basis des vorher entstandenen Kontakts zur Verfügung zu stellen. Hierin liegt die Chance, signifikantes Lernen anzuregen.
Menschen haben unterschiedliche Methoden, um Abstand von einer prägenden emotionalen Nähe zu gewinnen. Für manche besteht der

erste Schritt in einer Analyse der Zusammenhänge, die das System aufrechterhalten. Es ist sicher nicht sinnvoll, sich wie in dem obigen Beispiel gegen Veränderung zu wehren und gleichzeitig die Rückständigkeit zu beklagen, aber trotzdem passiert so etwas. Allerdings kann die Analyse der Systemlogik diese Unsinnigkeit deutlich machen und das kann ein erster Schritt zur Entwicklung von Distanz sein.
Manchmal entwickelt ein Jobcoach auch eine Abneigung gegen Personen oder den Betrieb. Er verliert dann die Fähigkeit, Brücken zu bauen und Verbindungen zu schaffen, und ist im Sinne des Integrationsauftrags nicht mehr arbeitsfähig.
Ein wichtiges Instrument zur Gewinnung emotionaler Distanz ist die Selbstreflexion, also die Wahrnehmung und Akzeptanz der eigenen Gefühle und Entscheidungsgründe. Es kann wohltuend und befreiend sein, seine Wut über Ungerechtigkeit, sein Empfinden von Ohnmacht, seine innere Abwehr gegenüber dem Klienten, dem Arbeitgeber oder anderen sich selbst einzugestehen, eigene Anteile daran zu entdecken und sich damit zu versöhnen. Man bekommt dann wieder einen klaren Blick und gewinnt seine (vorher affektgeleitete) Selbststeuerung zurück. Am hilfreichsten geschieht dies in einer Supervision, wenn man in einer vertrauten Gruppe von Kolleginnen und Kollegen darüber hinaus auch Handlungsalternativen entwickeln kann. Diese emotionale Distanzierung kann anstrengende Arbeit sein, die andere zudem oft nicht sehen. Der Lohn ist die Wiedergewinnung der eigenen Arbeitsfähigkeit und manchmal ein Schmunzeln über sich selbst.
Weniger spektakulär, jedoch sehr wirksam zur Gewinnung von Distanz ist die Verwendung von kurzen Reflexionsphasen im Anschluss an jede Aktivität des Jobcoaches (wie wir sie in die Beispiele eingestreut haben). Bewährt hat sich auch eine Verschriftlichung der wichtigsten Eindrücke im Anschluss an jede Einheit (→ Arbeitshilfe 2: Reflexionsbogen Jobcoaching).

Netzwerkarbeit

Jobcoaching ist auf die Handlungsmöglichkeiten begrenzt, die im Betrieb umsetzbar sind. Diese Begrenzung verdeutlicht das Aufgabenprofil des Jobcoachs, macht seine Arbeit effektiv und vereinfacht die Betei-

ligung der Menschen des betrieblichen Umfelds. Gleichzeitig erfordert diese Begrenzung die Kooperation mit wichtigen Netzwerkpartnern.
Jobcoaching kann sowohl eigenständig durchgeführt werden wie auch Teil einer umfangreicheren Maßnahme sein, z. B. in der Unterstützten Beschäftigung. Vor oder während des Jobcoachings kann sich herausstellen, dass andere oder weitere Angebote für das Gelingen des Integrationsprozesses notwendig sind oder ihn positiv beeinflussen können. In diesen Fällen initiiert der Jobcoach die notwendige Unterstützung. Gleichzeitig ist er selbst Teil eines Netzwerks und seine Leistung wird bei Bedarf von anderen hinzugezogen.
Aufgaben und Angebote, die im Rahmen eines betrieblichen Integrationsprozesses wichtig sein können, sind beispielsweise die Suche eines geeigneten Arbeits- oder Praktikumsplatzes, behinderungsspezifische Beratung, psychosoziale Begleitung, Wohnbetreuung, medizinische oder therapeutische Hilfen, finanzielle Unterstützungen für Arbeitgeber, die technische Einrichtung und behinderungsgerechte Anpassung eines Arbeitsplatzes oder auch der besondere Kündigungsschutz für anerkannt schwerbehinderte Menschen.
Wechselseitige Kenntnisse über die Angebote und Arbeit der vielen und regional oft sehr unterschiedlichen Einrichtungen und Akteure ist eine Voraussetzung für die Zusammenarbeit. Der Jobcoach kann durch seine Detailkenntnisse der betrieblichen Situation und das Wissen über Unterstützungsangebote für behinderte Menschen im Bedarfsfall solche Hilfen anregen, einleiten und sich mit anderen beim gemeinsamen Vorgehen abstimmen.
Dabei sind immer Persönlichkeitsrechte und der Datenschutz zu berücksichtigen. Informationen über den Klienten sind nur mit dessen Einverständnis weiterzugeben und setzen seine schriftliche Entbindung von der Schweigepflicht voraus. Informationen über Betriebe unterliegen ebenfalls dem Vertrauensschutz und dürfen nicht weitergegeben werden. Dann kann zu Beginn der Zusammenarbeit die schriftliche Vereinbarung, vertrauliche Informationen nicht weiterzugeben, zwischen Unternehmen und Jobcoach stehen.
Für Fragen zu den Auswirkungen einer Behinderung oder Erkrankung können ärztliche Diagnosen und Behandlungsberichte, psychologische Gutachten oder Sozialberichte hilfreich sein. Bei Berichten Dritter ist generell zu berücksichtigen, dass die psychosoziale Handlungsfähigkeit von Menschen von dem jeweiligen sozialen Kontext abhängt. Eine an-

dere Umgebung ermöglicht oder begrenzt unterschiedliche Fähigkeiten einer Person. Das kann so weit gehen, dass Fähigkeiten in veränderten oder neuen Umgebungen überhaupt erst sichtbar werden.

→ **Beispiel** Ein Beschäftigter in einer Werkstatt für behinderte Menschen verhielt sich dort unsozial gegenüber Kollegen und akzeptierte die Weisungen seiner Vorgesetzten nicht. Kritik und Gespräche brachten keine Veränderung. Alle waren froh, als er die Werkstatt verließ, um auf dem allgemeinen Arbeitsmarkt zu arbeiten. Wider Erwarten traten diese Probleme dort nicht auf und er wirkte wie ausgewechselt. ×

Ein wichtiges Instrument in der Zusammenarbeit sind Fallkonferenzen, in denen Leistungsträger und Anbieter fallbezogen beraten, welche Unterstützungen geeignet sind und wer sie leisten kann. Auch hier kann der Jobcoach durch seine Kenntnisse über die konkrete Arbeitssituation seines Klienten wesentliche Informationen beitragen.
Inhalt und Umfang der Netzwerkarbeit des Jobcoachs sind davon abhängig, ob von anderer Stelle ein Fallmanagement, also die Koordination der unterschiedlichen Hilfen und Maßnahmen, durchgeführt wird. Das Fallmanagement kann zum Beispiel durch einen Integrationsfachdienst, den Träger der Unterstützten Beschäftigung, einen Rehabilitationsberater, den Berufshelfer einer Gesetzlichen Unfallversicherung, durch eine Institution der beruflichen Rehabilitation oder auch durch die Schwerbehindertenvertrauensperson eines größeren Betriebs erfolgen. Die Aufgabe des Fallmanagers ist es, geeignete Maßnahmen zu identifizieren, den Überblick über alle Aufgaben zu behalten, diese zu koordinieren und den Informationsaustausch sicherzustellen. Der Jobcoach arbeitet eng mit dem Fallmanager zusammen, tauscht Eindrücke und Informationen aus und stimmt das weitere Vorgehen ab.
Wenn kein Fallmanagement besteht oder eingerichtet werden kann, der Jobcoach aber die Notwendigkeit weiterer Hilfen erkennt, so ist es seine Aufgabe, diese einzuleiten (→ »Realisieren von Lösungen: Phase der Intervention und Veränderung«, S. 111). In vielen Fällen kann der Klient dies selbst übernehmen, wenn er vom Jobcoach hierzu beraten wird. Ob darüber hinaus eine Kontaktaufnahme des Jobcoachs zu externen Stellen sinnvoll ist, ist vom Einzelfall abhängig. Er stimmt dies mit seinem Klienten und ggf. dem Leistungsträger des Jobcoachings ab. Im Einzelfall können sich sehr unterschiedliche Konstellationen der Zusammenarbeit ergeben.

Weitere Beteiligte am Integrationsprozess

Neben den Leistungsträgern gehören zu den möglichen Kooperationspartnern des Jobcoachs unter anderem Förderschulen, Berufsbildungswerke, Werkstätten für Menschen mit Behinderungen, psychiatrische Kliniken, der Integrationsfachdienst und der technische Dienst, Angehörige und Freunde sowie (Betriebs-)Ärzte und Therapeuten.

Leistungsträger

Leistungsträger unterhalten teilweise eigene Fachdienste, mit denen der Jobcoach kooperiert und von denen er beauftragt wird. Ein fachkundiger Ansprechpartner erleichtert ihm die Arbeit. Wichtig ist, dass die Struktur eines Jobcoachings, also vor allem dessen Ziele, die Dauer und der Stundenumfang, inhaltlichen Kriterien folgt. Die Basis hierfür ist ein gleiches fachliches Verständnis von Jobcoaching sowohl beim Leistungsträger wie auch beim Leistungsanbieter. Eine vom Jobcoach sorgfältig geplante und nachvollziehbar dargestellte Maßnahme (→ »Inhalt und Struktur der Klärungs- und Planungsphase«, S. 62) wird in der Kommunikation mit dem Leistungsträger helfen.
Normalerweise verfolgen Jobcoach und Leistungsträger die gleichen Ziele und das gleiche Vorgehen. Dies gibt dem Jobcoach zusätzliche Sicherheit und stabilisiert den Prozess. Die Vorstellungen eines Leistungsträgers und die des Jobcoachs bei der Bearbeitung eines Einzelfalls müssen jedoch nicht übereinstimmen. Eine inhaltliche Klärung auf der Basis gemeinsamer Ziele und unter Verzicht auf Anordnungsbefugnis dient nach unseren Erfahrungen dem Erfolg des Integrationsprozesses am meisten.
Wird Jobcoaching nicht im Rahmen der Unterstützten Beschäftigung oder als Teil einer anderen Maßnahme, sondern als eigenständige Leistung angeboten, hat sich folgendes Vorgehen bewährt: Dem Leistungsträger wird die Klärung und Planung eines betrieblichen Jobcoachings als eigenständige Leistung angeboten. Die Ergebnisse stellt der Jobcoach nachvollziehbar dar und leitet daraus einen Vorschlag für einen anschließenden Jobcoaching-Prozess mit Zielen, Dauer und Umfang ab.

Einrichtungen im Vorfeld einer betrieblichen Integration

Eine beginnende Tätigkeit auf dem allgemeinen Arbeitsmarkt ist für die meisten Menschen ein neuer Lebensabschnitt, in dem sie ihre vorherige Rolle als Schüler, Auszubildender, betreute Mitarbeiterin oder Patientin beenden und die des Arbeitnehmers erstmals erlernen oder nach einer gesundheitlichen Krise wieder aufnehmen. Es ist die Aufgabe der »abgebenden Einrichtung«, diesen Rollenwechsel zu fördern. Dies kann jedoch den Verantwortlichen der »abgebenden Einrichtung« vor eine besondere Herausforderung stellen, wenn er als Jobcoach tätig werden will. In diesem Fall steht er selbst vor einem Rollenwechsel, da im betrieblichen Kontext nicht mehr der Anleiter die Ziele vorgibt, sondern diese zwischen Betrieb, Mitarbeiter und Jobcoach vereinbart werden.

Einige Förderschulen, Berufsbildungswerke, Werkstätten für Menschen mit Behinderungen, psychiatrische Kliniken und andere sind zunehmend auch im Bereich der Vermittlung auf den allgemeinen Arbeitsmarkt tätig. Hierbei wenden sie teilweise das Jobcoaching an oder kooperieren mit selbstständig tätigen Jobcoaches. So bieten manche Werkstätten, etwa die Heilpädagogische Hilfe in Osnabrück, selbst eine Fachberatung für Menschen mit Behinderung an, die nach einer alternativen Tätigkeit suchen (www.os-hho.de/arbeit/fachberatung-berufliche-integration.html). Die psychiatrische Klinik in Düsseldorf beispielsweise bietet ebenfalls Jobcoaching an (www.rk-duesseldorf.lvr.de/behandlungsangebote/therapie_behandlungskonzept/ergotherapie/055_jobcoaching.htm).

Der Integrationsfachdienst (IFD)

Bei der Begleitenden Hilfe für schwerbehinderte Menschen sind die Integrationsfachdienste die wichtigsten Kooperationspartner für den Jobcoach. Diese übernehmen in der Regel die Aufgabe des Fallmanagements und bieten ihren Klientinnen und Klienten psychosoziale Begleitung an. Sie beraten diese und Arbeitgeber zu allen Fragen der Beschäftigung und organisieren Unterstützungsmaßnahmen, unter anderem auch Jobcoaching. Darüber hinaus geben sie Stellungnahmen zu finanziellen Leistungen und zum Kündigungsschutz ab. Teilweise (z. B. in Berlin) bieten sie auch selbst Jobcoaching an.

Die psychosoziale Begleitung und das Jobcoaching werden unabhängig voneinander durchgeführt und können sowohl getrennt als auch parallel zum Einsatz kommen. Gemeinsame Fallreflexionen von IFD-Begleitung und Jobcoach sind selbstverständlich und hilfreich. Bei einer Anfrage eines IFD-Mitarbeiters nach Jobcoaching muss gemeinsam die Frage geklärt werden, ob sich der Fall für ein Jobcoaching eignet. Hier kann es hilfreich sein, das Kopplungsfenster gemeinsam auszufüllen und zu bewerten.

Der technische Fachdienst

Weitere Unterstützungsmöglichkeiten ergeben sich in der behinderungsgerechten Gestaltung eines Arbeitsplatzes durch einen technischen Fachdienst, beispielweise der Arbeitsagentur oder des Integrationsamtes. Die Einarbeitung des behinderten Menschen an einem passend gestalteten Arbeitsplatz kann dann anschließend durch den Jobcoach erfolgen. Auch der umgekehrte Weg ist möglich: Aufgrund seiner Erfahrungen am Arbeitsplatz kann der Jobcoach Hinweise für die behinderungsspezifische Anpassung des Arbeitsplatzes geben.

→ **Beispiel** Die Spülküche einer Bäckerei wurde auf Anregung des Jobcoachs mit speziell konstruierten Ablagewagen für Bleche und Arbeitsgeräte ausgestattet. Dies sorgte für einen stressfreieren Arbeitsablauf, weil die zu spülenden Sachen zwischengelagert werden konnten und nicht mehr direkt bearbeitet werden mussten. Dies entschleunigte das Arbeitstempo und erleichterte damit dem Mitarbeiter spürbar die Arbeit.(→ »Realisierung von Lösungen, S. 111) ×

Angehörige und Freunde

Auch Angehörige und Freunde können für den Jobcoach wichtige Ansprechpartner sein, wenn es um Problemlösungen an der Nahtstelle von Arbeits- und Privatleben geht. Der Jobcoach registriert beispielsweise, dass die Klientin Konzentrationsprobleme, Probleme beim Weg zur Arbeit oder mit der Hygiene hat. Eventuell können diese von Menschen ihres privaten Umfelds beeinflusst werden. Das weitere Vorgehen ist dann mit der Klientin und dem Fallmanager abzustimmen. Im Einzelfall kann ein Hausbesuch des Jobcoachs sinnvoll sein, in dem er sich

gemäß seiner Rolle immer auf die Auswirkung des jeweiligen Problems auf die Arbeit und die betriebliche Integration konzentriert.
Angehörige und Freunde können das Jobcoaching auch konkret unterstützen, beispielsweise beim Nacharbeiten von Lernmaterialien, (→ »Interventionen beim Fallbeispiel Bäckerei«, S. 123) bei der häuslichen Gestaltung von Ruhezeiten oder der Erinnerung an Hygiene oder passende Kleidung für die Arbeit. Nach vorheriger Abstimmung mit der Klientin kann der Jobcoach entsprechende Hilfen initiieren.

Ärzte und Therapeuten

Eine Zusammenarbeit mit behandelnden Ärzten oder Therapeuten kann beispielsweise bei Fragen der Belastbarkeit am Arbeitsplatz, während einer beruflichen Wiedereingliederung, bei Nebenwirkungen von Medikamenten oder auch bei der Abstimmung mit den Zielen einer Psychotherapie wichtig sein.

→ **Beispiel** Ein Klient bekam in einer Psychotherapie den Rat, seine persönlichen Interessen stärker wahrzunehmen und diese auch aktiv einzufordern. Dieser Vorschlag war im therapeutischen Kontext sinnvoll, im Betrieb traf die daraus folgende Verhaltensänderung jedoch auf eine ohnehin angespannte Situation zwischen ihm und seinem Vorgesetzten. Im Gespräch zwischen Jobcoach, dem Klienten und seinem Psychotherapeuten wurde vereinbart, dass der Klient dies im Verhalten zu seinem Vorgesetzten zunächst einmal ausklammert, um seinen Arbeitsplatz nicht zu gefährden. ×

Bei medikamentösen Behandlungen kann eine Kooperation mit dem behandelnden Arzt sinnvoll sein. Die Wirkungen oder Nebenwirkungen eines Medikaments auf die Arbeitsfähigkeit des Klienten sind oft vom Jobcoach gut wahrnehmbar. Insbesondere Zeiträume zur Umstellung der medikamentösen Therapie sollten gut abgestimmt werden, damit medizinisch und beruflich optimale Ergebnisse erreicht werden können. Eine Abstimmung mit dem behandelnden Arzt kann zu einer Anpassung der Medikamente oder einer Veränderung der Arbeit des Jobcoachs führen und somit für den Integrationsprozess hilfreich sein.

Beginn des Jobcoaching-Prozesses: Phase der Auftragsklärung und Planung

Jobcoaching kann in unterschiedlichen Lebens- und Berufsabschnitten eines Menschen hilfreich sein und unterschiedliche Ziele verfolgen. Zum Beispiel stehen bei jungen Menschen, die direkt von einer Förderschule kommen, Fragen nach beruflicher Orientierung, eigenen beruflichen Interessen, Neigungen und Fähigkeiten im Vordergrund ihrer beginnenden beruflichen Entwicklung. Hiervon zu unterscheiden sind Situationen, in denen das primäre Ziel die Aufnahme oder Sicherung eines Beschäftigungsverhältnisses in einem Betrieb ist. Auch wenn die Übergänge zwischen den beiden Ausgangssituationen im Verlauf fließend sind, ist die methodische Gestaltung des Beginns des Jobcoaching-Prozesses von Unterschieden geprägt.

Jobcoaching als Unterstützung der beruflichen Bildung: Bei jungen Menschen mit Behinderung zielen die ersten beruflichen Schritte meist nicht unmittelbar auf ein Arbeitsverhältnis. Im Vordergrund steht die persönliche Entwicklung und berufliche Bildung, die Monate bis Jahre in Anspruch nehmen kann. Die betriebliche Umgebung wird genutzt, um in realen Situationen auf das Berufsleben vorzubereiten. Durch »die Einbettung der Qualifizierung in reale betriebliche Abläufe [entstehen] die entscheidenden Lernimpulse« (Behncke 2007, S. 5).

Viele Betriebe sind bereit, sich als »Bildungsort« zur Verfügung zu stellen, wenn dadurch für sie keine Kosten und kein personeller Aufwand entstehen. Unter enger Begleitung eines Jobcoachs kann der junge Mensch mit Behinderung so mit individuell angepassten Schritten auf eine spätere (Anlern-)Tätigkeit vorbereitet werden. Gleichzeitig benötigen auch viele Betriebe Hilfe, zumindest so lange, wie sie noch über wenig Erfahrung im Umgang mit Menschen mit Unterstützungsbedarf verfügen. Die Auftragsklärung und Planung eines Integrationsprozesses nach dem hier beschriebenen Konzept ist in diesem Lebensabschnitt meist nicht relevant, da sich die Planung und Auftragsklärung auf die Ziele des Bildungsauftrags beziehen und ein Arbeitsverhältnis bei einem konkreten Arbeitgeber, zumindest anfangs, nur nachrangig angestrebt wird.

Jobcoaching zur Aufnahme oder Sicherung eines Arbeitsverhältnisses: Besteht ein Arbeitsverhältnis oder gibt es in einer vorbereitenden Maßnahme hierauf eine realistische Übernahmeoption, ändert sich die Ausrichtung und damit auch die Methodik der Anfangsphase. Im Hinblick auf das Arbeitsverhältnis werden Ziele dann nicht primär zur persönlichen Bildung des Menschen mit Behinderung, sondern zur Aufnahme oder zum Erhalt des Beschäftigungsverhältnisses definiert. Der Betrieb wird zum Arbeitgeber und muss entsprechend seinen Erwartungen umfassender berücksichtigt werden. Das hier beschriebene Vorgehen zur Klärung und Planung eines Jobcoachings bezieht sich auf diese Situationen. Es beschreibt die Gestaltung eines Prozessrahmens zur (Re-)Integration eines Menschen mit Behinderung in einen bestimmten Betrieb.

Ein solcher Klärungs- und Planungsprozess geht der konkreten Durchführung des Jobcoachings voraus. Daran sind mindestens drei Personen bzw. soziale Systeme beteiligt: der Arbeitgeber, der Mitarbeiter mit Behinderung und der Jobcoach. In diesem vorgelagerten Prozess werden die Regeln für die künftige Zusammenarbeit beim Jobcoaching vereinbart. Diese gründet sich in erster Linie auf gemeinsame Ziele, die von allen mitgetragen werden. Je präziser diese am Anfang festgelegt werden, desto erfolgversprechender ist der anschließende Prozess.

Jobcoaching bei bereits länger bestehenden Arbeitsverhältnissen: Hier gibt es meist eine gemeinsame Geschichte von Arbeitgeber und Arbeitnehmer mit formalen, sozialen oder emotionalen Bindungen. Hieraus ergeben sich Vor- und Nachteile für ein Jobcoaching: Oft steht zu Beginn die Lösung von Konflikten im Vordergrund, die aus negativen Erfahrungen resultieren. Daher ist in solchen Fällen eine Auftragsklärungs- und Planungsphase unbedingt notwendig. Gleichzeitig gibt es bereits gemeinsame Erfahrungen, die ein Interesse beider Seiten an einer gelungenen Integration fördern können, genauso wie formale Bindungen.

Diese Ausgangssituation mit ihren Chancen und Grenzen auszuloten und dabei die Beteiligten für eine gemeinsame Arbeit zu gewinnen, ist die Aufgabe des Jobcoachs. Die Einigung auf gemeinsame Ziele bedeutet hier häufig bereits eine konstruktive Wendung und ist schon für sich ein Erfolg. Der Weg zu einer ernsthaften Zusammenarbeit kann sich allerdings sehr kompliziert gestalten. Er wird vom Jobcoach geleitet und mit den Beteiligten abgestimmt. Ein Ergebnis dieses Klärungsprozesses sind gemeinsame Absprachen über Ziele und Dauer eines Jobcoachings oder die Feststellung, dass diese nicht gefunden werden und daher kein Jobcoaching durchgeführt werden kann.

Umgang mit ersten Eindrücken und Hypothesen

Erste Eindrücke lassen Bilder und Empfindungen entstehen, werden vielleicht unbewusst vom Jobcoach mit früheren Erfahrungen verknüpft und können eine machtvolle Wirkung auf die nachfolgende Arbeit entfalten. Man kann sich hilflos fühlen, Ärger, Unverständnis, Vorfreude oder Mitgefühl empfinden. Dies kann zu unangemessener Nähe oder zu schützender Distanz führen. Eine persönliche Würdigung und Klärung der ersten Eindrücke und Hypothesen ist fachlich wichtig, damit man nicht vorschnell Lösungen für die eigenen Bilder entwickelt. Bilder, die intensive Assoziationen und Erinnerungen wecken, haben oft eine besonders dominierende Wirkung. Im Folgenden einige Beispiele für erste Eindrücke:

- »In einem ähnlichen Betrieb bin ich früher überhaupt nicht zurechtgekommen. Ich sehe hier auch schon schwarz.«
- »Einen gleichen Prozess habe ich ja schon sehr erfolgreich durchgeführt. Das wird für mich diesmal auch kein Problem werden. Ich freue mich schon darauf.«

Manche einfache Hypothesen helfen dabei, sich vor dem eigenen Erfahrungshintergrund schneller zu orientieren und den Kontakt zu vereinfachen:

- »Dass die Personalleiterin sofort den Betriebsleiter hinzuzieht, spricht für klare Vereinbarungen, Zuständigkeiten und Strukturen.«
- »Wenn der Geschäftsführer beim Erstgespräch dabei ist, ist das ein Hinweis darauf, dass dem Jobcoaching eine besondere Bedeutung gegeben wird.«
- »Dass zum Gespräch Kaffee, Kekse und Getränke gereicht werden, deutet auf Gastfreundlichkeit und eine etablierte Besprechungskultur hin.«

In der Praxis hat es sich bewährt, sich die ersten Eindrücke und Hypothesen bewusst zu machen, sie aufzuschreiben, zu skizzieren oder zu zeichnen. Dies erleichtert es dem Jobcoach, Distanz zu entwickeln, den Blick zu weiten und sich auf Klienten und Auftrag zu konzentrieren. Damit können die in den Bildern verborgenen Informationen für erste Arbeitsansätze genutzt werden. Der folgende beispielhaft skizzierte Haltungswechsel macht dies deutlich: »Menschen wie er brauchen eine klare Orientierung. Ich habe oft genug erlebt, dass sie sich sonst nie eingliedern.« Dieser erste Impuls kann sich nach der Reflexion zu folgender handlungsleitender Erkenntnis entwickeln: »So wie ich reagiere, verhalten sich vermutlich die meisten Menschen ihm gegenüber. Was aber würde ihm helfen, seine Ressourcen zu entwickeln und etwas Neues zu lernen?«

Rollen- und Aufgabenklärung

Der Arbeitgeber hat in der Planungsphase die Aufgabe, seine Vorstellungen über das Arbeitsverhältnis zu benennen. Je konkreter und nachvollziehbarer dies geschieht, umso hilfreicher ist es für den anschließenden Prozess. Meistens werden sachliche und emotionale Inhalte formuliert. Sachliche Informationen beziehen sich zum Beispiel auf die auszuführenden Tätigkeiten, auf ihren Stellenwert im Arbeitsablauf, auf die Geschäftserfordernisse oder auf das erwartete Arbeits- oder Sozialverhalten. Die emotionale Seite ist häufig nicht konkret zu beschreiben. Positive Erfahrungen des Arbeitgebers können dessen Integrationsbereitschaft erhöhen, enttäuschte Erwartungen verringern. Letzteres ist z. B. häufig nach vorausgegangenem hohem Engagement über einen längeren Zeitraum zu beobachten. Eine hohe Betroffenheit des Arbeitgebers vom Schicksal des Mitarbeiters kann dazu führen, dass dieser im Betrieb eine unangemessene Sonderrolle bekommt. Der Jobcoach erlebt oft, dass in angespannten Situationen der sachliche Teil zu wenig berücksichtigt wird und emotionale Probleme aus Vergangenheit und Gegenwart ausführlich dargestellt werden. Sind die Erwartungen des Arbeitgebers unpräzise, fehlt die Orientierung im Prozess.
Arbeitnehmer müssen sich in der Planungsphase eines Jobcoachings mit der Rolle des Lernenden im Betrieb auseinandersetzen. Die angebotene

Unterstützung durch den Jobcoach wird meistens positiv aufgenommen. Dies ist insbesondere dann der Fall, wenn damit persönliche Ziele verbunden werden, wie die Erlangung oder der Erhalt des Arbeitsplatzes, berufliches Weiterkommen, eine selbstständige Lebensführung oder einfach der Wunsch nach Unterstützung in einer schwierigen Situation. Ein Arbeitnehmer kann die Anfangsphase eines Jobcoachings aber auch als belastend erleben. Er wird vielleicht erst dadurch auf Probleme hingewiesen, die er vorher nicht wahrgenommen hat. Manchmal geschieht dies sogar in Verbindung mit dem drohenden Verlust des Arbeitsplatzes (→ »Umgang mit Hierarchien und Macht«, S. 44). Der Arbeitnehmer muss sich dann mit einer ihm bis dahin unbekannten negativen Bewertung seiner Arbeit auseinandersetzen, weil bisher ggf. niemand offen mit ihm darüber gesprochen hat. Dabei ist Rollenklarheit des Jobcoaches wichtig, damit er als Unterstützer und nicht als Verursacher von Problemen gesehen wird.

Der Jobcoach übernimmt in der Planungsphase die Rolle eines »entwerfenden Architekten«. Im Dialog und in Interaktion mit allen Beteiligten entwickelt er den Rahmen für das Jobcoaching. Er muss sich ein Bild von der Situation verschaffen, übernimmt Führung, muss Vertrauen aufbauen und einen Prozessplan entwickeln. Die Vielfalt seiner Aufgaben und die Komplexität der Inhalte erfordern ein klares Konzept für seine Vorgehensweise, um den Überblick zu behalten und für mögliche Lösungswege sensibel zu bleiben. Um dem Jobcoach eine Führungsrolle im Prozess zu übertragen, erwarten die Beteiligten Fachlichkeit, Authentizität und ein klares Handlungsgerüst mit begründenden Erläuterungen der einzelnen Schritte. Hierzu benennt der Jobcoach am Anfang den Zweck der gemeinsamen Arbeit, also die Entwicklung einer Integrationslösung. Er erläutert die Struktur seines Vorgehens mit dem zentralen Element der Trennung in Planung und Durchführung sowie sein Vorgehen in der Planungsphase mit Einzelgesprächen und gemeinsamen Vereinbarungen, wie es unten dargestellt wird. Dabei versucht er, die Bedenken der Beteiligten aufzugreifen. Denn die Anwesenheit eines »fremden« Dritten am Arbeitsplatz ist nicht jedem Menschen angenehm und kann Angst vor Beobachtung und Kontrolle auslösen. Ein erstes Gespräch am Arbeitsplatz in gewohnter Umgebung, die Ankündigung von Unterstützung und das Angebot einer vertrauensvollen Zusammenarbeit tragen dazu bei, solche Bedenken zu zerstreuen.

Auch Arbeitgeber und Vorgesetzte reagieren auf ein Jobcoaching sehr unterschiedlich. Dies reicht von eindeutiger Ablehnung bis hin zur erfreuten Annahme, verbunden mit dem Angebot konstruktiver Unterstützung. Manche erhoffen sich auch, selbst etwas davon lernen zu können. Angst, dass der Jobcoach die Arbeitsabläufe stören könnte, gibt es eher selten. Auch hier überwiegt häufig Neugier, spätestens dann, wenn sich der Jobcoach beispielsweise nach der üblichen Arbeitskleidung erkundigt.

Vertrauenspersonen für schwerbehinderte Menschen, aber auch **Betriebs- oder Personalräte** regen oftmals ein Jobcoaching an und begleiten konstruktiv die ersten Kontakte mit den Beteiligten. Sie können auch wichtige Ansprechpartner für den Jobcoach sein, da sich in größeren Unternehmen Organisations- und Beziehungsstrukturen für Betriebsfremde nur langsam erschließen. Dank ihrer Erfahrung und ihres Wissens dienen sie oft als wichtige Wegweiser, Vermittler und Unterstützer beim Jobcoaching. Ohne ihre Beteiligung ist oft eine betriebliche Integrationslösung nicht möglich.

Inhalt und Struktur der Klärungs- und Planungsphase

Die Arbeit eines Jobcoaches wird nur dann akzeptiert werden, wenn das Ziel und der Weg von allen Beteiligten nachvollzogen und für relevant gehalten werden. Durch Fragen, die der Jobcoach stellt, und durch die Schlüsse, die er daraus zieht, werden alle Gesprächspartner in den folgenden Prozess hineingenommen und sie entwickeln Ideen, wie der Weg zu einer Integrationslösung aussehen kann. Gelingt die gemeinsame Planung, dann sprechen am Ende die Beteiligten eine Vorgehensweise ab und stimmen Vereinbarungen zur Zusammenarbeit zu. So hat der Jobcoach eine stabile Arbeitsbasis geschaffen. Wird keine Einigung erzielt, kommt das Jobcoaching nicht zustande.

Die folgenden beiden Leitfragen geben dem Jobcoach Orientierung in der Klärungs- und Planungsphase. Damit sondiert er die Fülle von Informationen und richtet sich auf die Kerninhalte dieser Phase aus.

Erste Frage (generelle Klärung): Werde ich mit meiner Arbeit die Integration dieses behinderten Menschen in diesem Betrieb verbessern können?

Hierfür ist es notwendig, einzuschätzen, ob eine Integrationslösung überhaupt möglich ist. Dafür sind wiederum gemeinsame Ziele des Arbeitgebers, des Mitarbeiters sowie entsprechende Ressourcen, wie in erster Linie deren Mitwirkungsbereitschaft, erforderlich (s. Abbildung 1).

ABBILDUNG 1 Die Schnittmenge von Zielen und Ressourcen als Lösungsraum

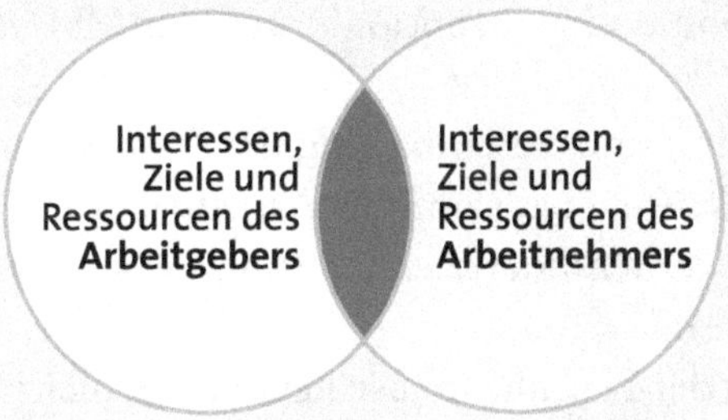

Zweite Frage (Planung): Wie muss das Jobcoaching strukturell aufgebaut werden?

Das Jobcoaching erhält durch einen nachvollziehbaren und verlässlichen Orientierungsrahmen Stabilität und eine inhaltliche Ausrichtung. Er erzeugt für alle Beteiligten einen verdichteten Lernraum, in dem der Fokus auf Veränderungen liegt. Dieser Rahmen umfasst die Nennung der wichtigsten Beteiligten, die Vereinbarung von Zielen und eine zeitliche Struktur. Letztere besteht aus Starttermin, Dauer, Zwischenauswertungen und dem Abschlussgespräch. Die Festlegung dieses Rahmens ist ein wichtiges Gestaltungswerkzeug des Jobcoachs.

Diese beiden Leitfragen lassen sich nicht nacheinander beantworten, sondern bedingen sich gegenseitig. Dies macht die Anfangssituation schwer handhabbar. Wir stellen im Folgenden ein Modell vor, das die Komplexität ausreichend reduziert, um damit praktisch umgehen zu können und um in dieser Phase des Prozesses arbeitsfähig zu bleiben. Es liefert gleichzeitig die für die Klärung und Planung notwendigen Informationen, filtert sie und wertet sie aus. Das Modell ist sehr pragmatisch auf die Belange des Jobcoachings zugeschnitten und basiert im Wesentlichen auf dem systemischen Ansatz und der Herstellung von Kopplungen (→ »Elemente aus systemtheoretischen Ansätzen«, S. 23).

Bewährt hat sich ein Vorgehen in drei Schritten:

Erster Schritt: Getrennte Erfassung von Interessen, Zielen und Ressourcen von Arbeitgeber und Arbeitnehmer. Geeignete Settings sind Einzelgespräche, Betriebsbegehung und Tätigkeitsbeobachtung. Große Gesprächsrunden, in denen beispielsweise der Arbeitgeber, der Arbeitnehmer mit Behinderung, Schwerbehindertenvertretung und Betriebsrat versammelt sind, sind hierfür ungeeignet, da sie vertrauensvolle Äußerungen erschweren.
Zweiter Schritt: Reflexion und Konzeptionierung der Maßnahme durch den Jobcoach.
Dritter Schritt: Diskussion und Vereinbarung des Jobcoachings mit Zielen und zeitlicher Struktur gemeinsam mit Arbeitgeber und Arbeitnehmer und ggf. der Schwerbehindertenvertretung oder dem Betriebsrat (große Gesprächsrunde).
Eine Herausforderung der Planungsphase liegt darin, nicht zu früh Einschätzungen abzugeben und Meinungen zu bestätigen. Alle Beteiligten beschreiben ihre eigene Sichtweise, die in sich meist schlüssig erscheint. Oftmals sind aber die Beschreibungen von Arbeitgeber und Arbeitnehmer völlig verschieden, und der Jobcoach braucht Zeit für Orientierung und die Entwicklung eines Angebots. Daher hält er sich mit vorschnellen Urteilen zurück. Erst im dritten Schritt stellt er ein Lösungskonzept vor, das er für tragfähig hält. Eine Analogie hilft, dies zu verdeutlichen: Auch ein Handwerker wird nach dem ersten Aufmaß nicht direkt einen Vorschlag machen und einen Preis nennen. Er wird seinen Aufwand in Ruhe überlegen, bevor er ein passendes Angebot unterbreitet. Das schützt ihn und den Kunden vor bösen Überraschungen.

Schritt 1: Erfassung von Interessen, Zielen und Ressourcen

Im Folgenden werden einige Instrumente vorgestellt, um Interessen, Ziele und Ressourcen des Menschen mit Behinderung und des Arbeitgebers in Erfahrung zu bringen.
Ausbildungs- und Arbeitsanamnese: Beruflichen Entscheidungen von Menschen kann eine persönlichkeitstypische Regelhaftigkeit zugrunde liegen, auch wenn diese ihnen selbst nicht bewusst ist. Solche Muster verändern Menschen selten grundlegend; insbesondere in Krisen oder bei wichtigen Entscheidungen greifen sie darauf zurück. Die Erfassung des schulischen und beruflichen Werdegangs eines Menschen kann also weit mehr sein als die Erhebung von Daten. Ein einfühlsames Nachfra-

ABBILDUNG 2 Arbeitshilfe 4: Ausbildungs- und Arbeitsanamnese

Ausbildungs- und Arbeitsanamnese

Name der Klientin / des Klienten: .... Alter: .... Datum: ....

Schule / Ausbildung / Berufserfahrung Was waren wesentliche Ereignisse in der Berufsgeschichte?	**Zeitpunkt**	**Notizen:** Wie wurden Entscheidungen getroffen? Was waren wesentliche Einflussfaktoren? Welche Erfahrungen wurden gemacht?

Erkennbare Entscheidungsmuster und deren Auswirkungen auf die aktuelle Situation

Weiter von Bedeutung

gen zu bedeutenden Ereignissen der Arbeitsbiografie, z.B. zum Wechsel von Arbeitsstellen oder nach den Gründen für berufliche Entscheidungen, verbindet ein Verstehen mit dem Aufbau einer vertrauensvollen Beziehung. Auch berufliche oder private Ziele des Klienten lassen sich in einem Gespräch über die persönliche Arbeitsgeschichte entdecken (→ Arbeitshilfe 4: Ausbildungs- und Arbeitsanamnese).

Probeaufgaben: Menschen zeigen ihre Fähigkeiten im Handeln oft deutlicher als über das Erzählen. Außerdem lassen sich durch Probeaufgaben Fähigkeiten erschließen, die bei einer reinen Beobachtung am Arbeitsplatz nicht deutlich werden (→ »Auftragsklärung und Planung beim Fallbeispiel IT«, S.96). Standardisierte Probeaufgaben aus dem IDA-Instrumentarium (www.melba.de/melba/ida.html), wie z.B. das Einsortieren von Karteikarten nach einer bestimmten Regel in ein Register, oder Aufgaben aus dem HAMET-Verfahren (www.hamet.de) können hierfür verwendet werden. Je nach Aufgabe sind unterschiedliche Arbeitsfähigkeiten erforderlich, etwa Ausdauer, Merkfähigkeit oder Problemlösungsfähigkeit.

Der Jobcoach benötigt vor allem Informationen darüber, wie sein Klient lernt. Zum Verständnis von dessen Lernwegen eignen sich insbesondere Aufgaben, die eine Steigerung der Anforderungen in kleinen Schritten ermöglichen. Damit lassen sich Menschen vorsichtig an ihre Leistungsgrenze führen. Hier zeigen sie beispielsweise, ob sie eine Herausforderung annehmen, was sie sich selbst zutrauen und wie sie auf Erfolge oder Misserfolge reagieren. In Abwandlung ihrer Verwendung und unter Verzicht auf standardisierte Bewertungen lassen sich einige Aufgaben aus IDA oder HAMET auch in diesem Sinne verwenden. Der Jobcoach sucht Beispiele mit geeignetem Anforderungsniveau heraus und führt die Person in engem Kontakt mit genau abgestimmten Hilfestellungen an ihre Lerngrenze und entwickelt diese weiter.

Bei allen Probeaufgaben werden jedoch die Veränderungsmöglichkeiten des Betriebes und mögliche systemische Wechselwirkungen nicht berücksichtigt. Daher lassen sich dadurch keine unmittelbaren Aussagen für den Erfolg eines Jobcoachings ableiten.

Arbeitsplatzbesichtigung und Tätigkeitsbeobachtung: Der Arbeitsplatz ist beim Jobcoaching der zentrale Lernort des Klienten, und eine Besichtigung ist in der Planungsphase zwingend. Es ist sinnvoll, sich die Arbeitstätigkeiten vom Klienten zeigen und erklären zu lassen. Dadurch nimmt man ihn als Fachmann bzw. Fachfrau ernst und man er-

fährt viel darüber, wie er oder sie seine oder ihre Arbeit versteht und erledigt. Die gewohnte Umgebung gibt Sicherheit und erleichtert den Kontakt. Fragen beziehen sich vor allem auf die Arbeitsinhalte und Nahtstellen im Team.
Insbesondere der Arbeitsablauf ist genauer zu beobachten, z.B.: Welche Ressourcen zeigt der Mitarbeiter mit Behinderung? Welche Aufgaben machen besondere Schwierigkeiten? Wer bewertet die Arbeitsergebnisse und nach welchen Kriterien? Wie sind die Übergänge zu anderen Arbeitsplätzen organisiert? Welche Auswirkungen haben Fehler? An wen kann man sich bei Problemen oder mit Fragen wenden? In den Antworten verbergen sich häufig versteckte Anforderungen an die Schlüsselqualifikationen, beispielsweise selbstständig Entscheidungen treffen zu müssen. In der Arbeitshilfe 1 werden die wichtigsten Aspekte in einer Tätigkeitsanalyse erfragt.
Indirekt zugängliche Informationen: Einige Informationen, die beim Jobcoaching benötigt werden, sind nicht unmittelbar wahrnehmbar oder den Beteiligten vielleicht selbst nicht bewusst. Dies gilt auch für die wichtigste Ressource im Prozess: die Veränderungs- und Lernbereitschaft der Beteiligten. Informationen hierzu sind sensibel und können gerade am Anfang oft nicht direkt erfragt werden. Sie werden meist durch Interpretationen von Beobachtungen erschlossen. Dafür setzt der Jobcoach Impulse, z.B. durch die Benennung von widersprüchlichen Einschätzungen: »Ihr Mitarbeiter macht auf mich einen sehr engagierten Eindruck.« Oder: »Dazu habe ich von Ihrem Chef etwas anderes gehört.« Der Jobcoach nimmt die Reaktion auf diese Impulse genau wahr und gewinnt dadurch neue Informationen, die ggf. zu neuen Interventionen führen. Dafür sind viel Fingerspitzengefühl, eine wertschätzende Haltung und ein guter Kontakt notwendig.
Die folgende Aussage bringt das Herangehen auf den Punkt: »Wenn du ein System verstehen willst, dann störe es.« Niemand wird wirklich »stören« oder gar »verstören« wollen, aber dezente Irritationen des Systems liefern oft hilfreiche Informationen. Die kleinen Destabilisierungen erfordern vom Gegenüber eine Reaktion. Solche Reaktionen sind als »Ordnungsprozesse« beobachtbar und geben Gelegenheit eines kurzzeitigen Verstehens. Irritationen werden durch Fragen oder Handlungen ausgelöst, die nicht der Erwartungshaltung entsprechen.

→ **Beispiel** Die Vorgesetzte, die vom Jobcoach dessen positive Einschätzung über ihren Mitarbeiter hört, ist irritiert. Als Reaktion hört der Jobcoach beispielsweise: »Ja, aber …«, und spürt Widerstand, sich mit der anderen Sichtweise auseinanderzusetzen. Oder er hört: »Wie meinen Sie das?«, und es ergibt sich ein Gespräch über den Mitarbeiter, in dem neue Sichtweisen und Impulse erschlossen werden. ×

Als Außenstehender erkennt man oft Widersprüche und Besonderheiten, die den Beteiligten gar nicht mehr auffallen. Man darf »dumme Fragen« stellen, was eine große Ressource am Anfang ist. Dadurch ist es möglich, scheinbar selbstverständliche Zusammenhänge zu hinterfragen und Widersprüche zu thematisieren. Das gilt auch für die spontane Rückmeldung erster Beobachtungen, die nicht unbedingt erwartet werden: »Auf dem Hinweg ist mir aufgefallen, dass Sie hier doch ziemlich schwer zu finden sind.« Gut eignen sich lösungsorientierte Fragen, wie z. B.: »Was soll am Ende des Coachings anders sein?« Auch Sprachbilder und Analogien können geeignet sein, um Irritationen auszulösen: »Hier rennen alle, als ob es einen Preis zu gewinnen gäbe.« Mit einer Frage wie »Woran werden Sie merken, dass sich etwas positiv verändert?« fokussiert man die Wahrnehmung auf zukünftige positive Entwicklungen.

Vielleicht gelingt es dabei sogar, Schnittmengen zu Interessen und Zielen der jeweils anderen Seite aufzuzeigen. Hierzu eignen sich Fragen wie: »Was können Sie tun, um deutlich zu machen, dass Sie zu Veränderungen bereit sind?« Fragen wie »Was passiert, wenn nichts passiert?« liefern schnell Ergebnisse zu der Ernsthaftigkeit und Bedrohungslage der Gesamtsituation (→ Arbeitshilfe 5: Systemische Fragen im Jobcoaching).

Mit solchen Fragen gewinnt man einen Eindruck für die spätere Zusammenarbeit. Können sich die Beteiligten auf neue Ideen einstellen? Wie verfestigt sind eingefahrene Strukturen und Verhaltensweisen?

Weitere Informationen bekommt der Jobcoach durch die Wahrnehmung seiner eigenen Reaktionen und Gefühle: »Warum habe ich mich nicht getraut, eine bestimmte Frage zu stellen?« »Wie würde es mir gehen, wenn ich hier arbeiten würde?« »Freue ich mich auf die kommende Arbeit und was gefällt mir daran?«

Dokumentation der ersten Informationen: Mit den oben beschriebenen Methoden gewinnt der Jobcoach bei den ersten Terminen eine Fülle von Informationen, von denen er noch nicht genau weiß, welche er später für die Arbeit und die Auswertung benötigt. Die meisten Jobcoaches machen sich während der Gespräche Notizen. Die »weicheren Informationen« sind oftmals für das Verständnis besonders wichtig. Diese kann man mit kleinen Beispielen oder in wörtlicher Rede festhalten.

Schritt 2: Reflexion und Konzeptionierung des Jobcoaching-Angebots

Für den zweiten Schritt benötigt der Jobcoach Zeit und Abstand, um aus den gewonnenen Informationen einen Vorschlag für Ziele und zur Dauer eines Jobcoachings zu entwickeln. Dies sind erst einmal »nur« Vorstellungen des Jobcoachs, die er dann im dritten Schritt den Beteiligten vorschlägt, um sie dort gemeinsam zu konkretisieren.
Entwicklung von Zielvorschlägen: Hierfür bedient sich der Jobcoach des Kopplungsfensters, mit dessen Hilfe er wirksame Veränderungsansätze entdecken kann. Das Kopplungsfenster (→ Abbildung 2 und Arbeitshilfe 6: Kopplungsfenster) kann sowohl am Anfang als auch später angewendet werden, wenn der Prozess zum Stillstand gekommen sein sollte und neu reflektiert werden muss (→ »Störungen im Prozess«, S. 157). Es ist eine methodische Konkretisierung der Schnittmengenbildung der Interessen, Ziele und Ressourcen von Arbeitgeber und Arbeitnehmer (vgl. Abbildung 1).

ABBILDUNG 3 Das Kopplungsfenster als Instrument zur Entwicklung von Zielen

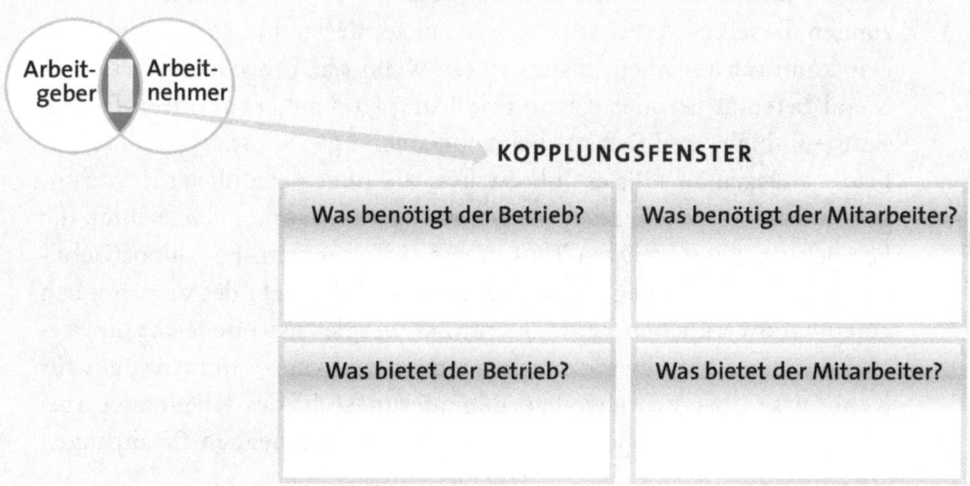

Grundlage dieses Instruments bildet die Theorie zur Kopplung von Systemen oder Teilsystemen, in unserem Fall der Mitarbeiter mit Behinderung und der Betrieb bzw. Teile des Betriebs. Eine Kopplung entsteht dann, wenn der Bedarf eines Teils durch eine Ressource des anderen Teils bedient werden kann. Für die Kopplung ist es also notwendig zu verstehen, welche Bedürfnisse beide haben und über welche Ressourcen sie verfügen, die im Zusammenhang mit dem Arbeitsverhältnis von Bedeutung sein können.

Der Schlüssel für die erfolgreiche Anwendung des Kopplungsfensters ist die Einnahme der Perspektive des jeweiligen Teilsystems mit dessen Regeln und Bedeutungen. Dafür werden die im ersten Schritt gesammelten Informationen aus den unterschiedlichen Perspektiven der Beteiligten im Kopplungsfenster eingetragen. Dabei kann es hilfreich sein, sich selbst in die verschiedenen Rollen der Personen im Betrieb hineinzuversetzen, um über die Selbstwahrnehmung zusätzliche Informationen zu erhalten. Bei jungen Menschen mit Behinderung muss man manchmal auch die Perspektive der Eltern einbeziehen. Diese Sichtweisen und die des Jobcoachs selbst fließen ebenfalls in das Kopplungsfenster ein.

Alle Sichtweisen sind gleichwertig, weil für nachhaltige Kopplungen die Ressourcen und Bedürfnisse aller Beteiligten relevant sind. Jeder neu entdeckte Bedarf und jede Ressource kann die Chance einer neuen Kopplung bieten.

Ein Perspektivwechsel ist jedoch nicht immer einfach. Er bedeutet, sich von einer vielleicht intuitiv gewählten »Lieblingsperspektive« lösen zu können und mehrere meist unterschiedliche Haltungen und Einschätzungen derselben Arbeitssituation zu akzeptieren und wahrzunehmen. Das kann schwerfallen, insbesondere wenn der Jobcoach selbst emotional beteiligt ist oder eigene Erklärungs- oder Lösungsideen favorisiert (→ »Nähe und Distanz beim Jobcoaching«, S. 48).

Erfahrungsgemäß fällt es Jobcoaches, die über persönliche Erfahrungen in dem entsprechenden Arbeitsfeld verfügen, erheblich leichter, die Perspektive des jeweiligen Teilsystems einzunehmen. Für die betriebliche Seite heißt dies beispielsweise, dass ein Jobcoach, der ursprünglich einen handwerklichen Beruf gelernt hat, vergleichsweise leicht die Perspektive eines Handwerksmeisters einnehmen kann. Ähnliches gilt für Kenntnisse über das jeweilige Behinderungsbild des Klienten. Dabei können Kollegen des Jobcoachs ihm mit entsprechenden Erfahrungen wertvolle Unterstützung liefern, um den Sichtweisen der Beteiligten gleichwertig gerecht zu werden.

Die folgenden allgemeinen Leitfragen können helfen, die Bedürfnisse und Ressourcen der beiden Teilsysteme zu verstehen. Ein Arbeitsmuster mit einer Beschreibung der vier Schritte finden Sie als Arbeitshilfe 6 (Kopplungsfenster).

TEIL 1: Was braucht der Betrieb? Der Jobcoach nimmt die Perspektive des Betriebs ein und versucht zu verstehen, was es dem Betrieb erleichtern würde, den behinderten Menschen zu integrieren.

- Welche Anforderungen bestehen an diesem Arbeitsplatz?
- Was müsste der Mitarbeiter anders machen, damit er die Anforderungen erfüllen kann oder anderweitig im Betrieb gebraucht wird?
- Wie könnte der behinderte Mitarbeiter die Kollegen bzw. den Vorgesetzten entlasten?
- Was würde den Kollegen oder den Vorgesetzten helfen, sich besser auf den Mitarbeiter einzustellen?
- Was würde zu einer Verbesserung der Situation für die Kollegen, den Vorgesetzten oder den Betrieb beitragen und womit wäre schon viel gewonnen?

TEIL 2: Was bietet der Betrieb? Der Jobcoach nimmt die Perspektive des Betriebs ein und versucht, dessen Ressourcen bei der Beschäftigung von Menschen mit Behinderungen zu erfassen.

- Sieht die Arbeitsgruppe oder der Vorgesetzte Eigenschaften des Kollegen mit Behinderung, die für den Betrieb einen Gewinn darstellen?
- Wird ihm Zeit eingeräumt, sich einzuarbeiten, und wird ihm dabei geholfen?
- Würde der Betrieb auch Arbeitnehmer einstellen oder halten, die nicht die volle Leitungsfähigkeit erbringen?
- Besteht Bereitschaft, über individuelle Lösungen nachzudenken?
- Sind die Arbeitsaufgaben klar und eindeutig benannt und für den Mitarbeiter mit Behinderung verständlich erklärt?

TEIL 3: Was braucht der Mitarbeiter mit Behinderung? Der Jobcoach nimmt die Perspektive des Arbeitnehmers ein und versucht zu verstehen, was dieser benötigt, um seine Fähigkeiten möglichst gut einbringen und entwickeln zu können.

- Was könnte dem Mitarbeiter helfen, bessere Arbeitsergebnisse zu erbringen und sich in seinem Arbeitsumfeld zu integrieren?

- Wie kann man ihn bei seinen Zielen und Vorstellungen unterstützen?
- Was kennzeichnet Situationen, in denen der Mitarbeiter eine bessere Leistung erzielt?
- Auf welche Veränderung seiner Arbeitsumgebung würde der behinderte Mitarbeiter positiv reagieren?
- Welche Probleme beschäftigen den Mitarbeiter bei der Arbeit und was könnte ihm helfen, dies zu verändern?

TEIL 4: Was bietet der Mitarbeiter mit Behinderung? Der Jobcoach nimmt die Perspektive des Mitarbeiters ein und versucht zu verstehen, wo dieser für den Betrieb ein Gewinn ist oder werden kann.

- Über welches Fachwissen, welche Arbeitserfahrungen und besondere Fähigkeiten verfügt der Mitarbeiter?
- Was möchte der Mitarbeiter lernen?
- Was würde dem Betrieb fehlen, wenn der Mitarbeiter dort nicht mehr arbeiten würde?
- Womit könnte der Mitarbeiter mit Behinderung seine Kollegen oder Vorgesetzten positiv überraschen?
- Wann hatte der Mitarbeiter das Gefühl, richtig gut gearbeitet zu haben? Was hat er da gezeigt?
- Welche Hobbys und Interessen hat der Mitarbeiter und welche Fähigkeiten zeigen sich dort?

Kopplungsfenster auswerten: Kopplungsmöglichkeiten ergeben sich aus der jeweiligen Verbindung eines Bedürfnisses mit einer Ressource. Hierbei trägt man bestehende Kopplungen wie auch zukünftig entwickelbare ein. In den Fallbeispielen wird diese Methode verwendet und die Anwendung des Kopplungsfensters gezeigt.

Für manche Bedürfnisse kann der Jobcoach auch selbst Lösungen anbieten oder einleiten, wie etwa eine behinderungsgerechte Büroausstattung durch Hinzunahme externer Unterstützung.

Die Kopplungsmöglichkeiten werden vom Jobcoach in Vorbereitung auf den dritten Schritt der Planung auf ihre Umsetzbarkeit analysiert und priorisiert. In diesem dritten Schritt werden dann im optimalen Fall aus Kopplungsmöglichkeiten gemeinsam vereinbarte Ziele.

Ziele sind die Arbeitsbasis für den Jobcoach. Ihre Qualität hat entscheidende Bedeutung für den folgenden Prozess. Daher sollte sich der Jobcoach um einen möglichst konkret formulierten Vorschlag bemühen. Hierfür haben sich die SMART-Kriterien bewährt:

S = Spezifisch (eindeutig definiert)
M = Messbar
A = Akzeptiert/Attraktiv
R = Realistisch
T = Terminierbar (definierter Zeitrahmen)

In den Fallbeschreibungen finden sich konkrete Beispiele von Zielformulierungen.

Einschätzung der Dauer: Die Dauer ergibt sich aus der Zeit, die für die Umsetzung der vereinbarten Ziele benötigt wird. Sie richtet sich also nicht nach der »Größe« oder »Schwere« des Problems. Die notwendigen Schritte für die Zielerreichung sind ausschlaggebend.

Die dafür benötigte Zeit kann vom Jobcoach nicht konkret berechnet werden, da es keinen allgemeingültigen Standard für derartige Entwicklungsprozesse gibt (→ »Elemente aus systemtheoretischen Ansätzen«, S. 23). Sie kann aber anhand einiger Kriterien eingeschätzt werden. Hierfür überlegt der Jobcoach, welche (Lern-)Aufgaben sich aus den angedachten Zielen für den behinderten Mitarbeiter ergeben und welche Veränderungen dies für den Betrieb bedeuten würde. In manchen, eher konfliktreichen Fällen können die Ziele am Anfang noch nicht genau konkretisiert werden und der Jobcoach geht davon aus, dass sich während des Prozesses weitere Ziele ergeben werden. Dies lässt sich nur überschlagen und bei einer möglichen Verlängerung der Dauer berücksichtigen.

Hier eine Zusammenfassung der relevanten Kriterien für den Zeitrahmen eines Jobcoachings:

- Anzahl und Qualität der Ziele: Wenn eine Integration mit ein oder zwei klar operationalisierbaren Zielen erreichbar scheint, spricht das eher für eine kurze Prozessdauer.
- Attraktivität der Ziele für den Arbeitgeber: Je höher die Identifikation mit den Zielen und die Bereitschaft des Betriebes ist, an der Umsetzung mitzuarbeiten, desto weniger Zeit wird benötigt.
- Betriebliche Veränderungen: Innerbetriebliche Lernprozesse und notwendige Veränderungen, wie die Einführung einer neuen Software oder Saisonarbeit, können die Prozessdauer verlängern.
- Wahrnehmung und Bewertung von Erfolgen durch den Betrieb: Das Interesse an Erfolgen und deren positive Bewertung beschleunigen den Prozess.

- Attraktivität der Ziele für den Arbeitnehmer: Je höher die Identifikation mit den Zielen und das Interesse des behinderten Mitarbeiters, an der Umsetzung mitzuarbeiten, desto weniger Zeit wird benötigt.
- Erreichbarkeit der Ziele für den Arbeitnehmer: Je leichter die Ziele für den Arbeitnehmer erreichbar sind, desto weniger Zeit wird benötigt. Ziele, die die persönliche Entwicklung betreffen (Schlüsselqualifikationen), benötigen meist mehr Zeit als solche, die sich auf die konkrete Tätigkeit beziehen.
- Wahrnehmung und Bewertung von Erfolgen durch den Arbeitnehmer: Arbeitnehmer, die ihre persönlichen Erfolge wahrnehmen und sich diese selbst zuschreiben, lernen schneller.

Erfahrungsgemäß dauert ein Jobcoaching im Bereich der Begleitenden Hilfen drei bis neun Monate und umfasst 30 bis 80 Stunden im Betrieb. Um den Zeitrahmen konkreter einschätzen zu können, kann man sich des folgenden Modells bedienen: Man nimmt eine optimale Ausgangssituation (die in der Praxis allerdings selten vorkommt) als Referenz und erweitert die Dauer anhand einer Einschätzung zu den obigen Merkmalen. Ein Jobcoaching mit ein bis zwei konkret beschriebenen Zielen (→ SMART-Kriterien, S. 72), die primär im fachlichen Bereich liegen und sowohl vom Betrieb wie vom Arbeitnehmer mit Behinderung umsetzbar sind und von beiden unterstützt werden, dauert nach unserer Erfahrung mindestens acht Wochen mit etwa dreißig Stunden im Betrieb.

Schritt 3: Vereinbarungen zum Jobcoaching

Nachdem der Jobcoach die Vielzahl der Informationen ausgewertet hat, stellt er seinen Vorschlag für einen betrieblichen Integrationsplan den betrieblich Beteiligten und dem Klienten gemeinsam vor. Seine Planung enthält die Vorschläge für Ziele, zur Dauer und zeitlichen Strukturierung. Rückmeldungen und abweichende Erwartungen der Beteiligten werden gemeinsam diskutiert. Die Ergebnisse berücksichtigt der Jobcoach für die weitere Planung, sodass sich am Ende alle über das Vorgehen abgestimmt haben.

Vereinbarung der Ziele: Gut vorbereitete Ziele schaffen die Voraussetzung, auch von den Beteiligten schnell akzeptiert zu werden. Der Jobcoach präferiert für den Beginn des Prozesses solche Ziele, die wahrscheinlich schnell zu erreichen sein werden und wahrnehmbare Veränderungen bewirken. Deren methodische Umsetzung bezeichnen wir auch als »Anpack«.

In der gemeinsamen Diskussion können auch Bedürfnisse, Wünsche und Erwartungen geäußert werden, die nach Einschätzung des Jobcoachs unrealistisch sind. Wenn sie für die Beteiligten von Bedeutung sind, müssen sie verhandelt werden. Vielleicht lassen sich alternative Lösungen finden oder der Fokus kann auf andere, erreichbare Ziele gelenkt werden. Vielleicht muss aber auch festgestellt werden, dass manche Erwartungen durch ein Jobcoaching nicht zu erfüllen sind. Transparenz und Ehrlichkeit sind die Grundlage für die weitere Zusammenarbeit und die Voraussetzung für die Vereinbarung eines tragfähigen Integrationsplans. Weniger dringliche Themen lassen sich ggf. auf einen späteren Zeitpunkt verschieben, da sich in vielen Prozessen Ideen und Lösungen entwickeln lassen, die zu Beginn noch nicht absehbar waren.

Manchmal ist es schwierig, Ziele klar zu definieren und zu vereinbaren. Das hat meist mit unklaren betrieblichen Strukturen, nicht ausgesprochenen Konflikten oder ablehnenden Haltungen zu tun und erschwert den Prozess erheblich. Ohne oder mit nur halbherzig unterstützten Zielen arbeitet der Jobcoach rein situativ und läuft Gefahr, von den jeweils aktuellen Problemen getrieben zu werden. Auch selbst definierte und »versteckte« Ziele des Jobcoachs sind nicht hilfreich, wenn sie nicht auf den gemeinsamen Interessen der Beteiligten basieren. Manchmal ist es abweichend vom hier dargestellten Ablauf auch sinnvoll, eine Zielvereinbarung wenige Wochen nach Beginn des Prozesses nachzuholen, wenn dies am Anfang nicht oder nur unzureichend möglich war. Wegen der Komplexität von Jobcoaching-Situationen können solche Abweichungen in Einzelfällen notwendig und zielführend sein.

Änderungen der Ziele sind im Prozess selbstverständlich möglich. Sie werden bei Bedarf neu besprochen und gemeinsam vereinbart. Ein Bedarf ergibt sich, sobald unter den Beteiligten über die vorherigen Zielvereinbarungen oder das dazu vereinbarte Vorgehen kein Konsens mehr besteht. Der vorgesehene Ort und Zeitpunkt hierfür sind die Zwischenauswertungen (→ »Zeitliche Strukturierung«, S. 76).

Vereinbarung der Dauer: Es hat sich bewährt, Arbeitgeber und Arbeitnehmer nach ihrer Einschätzung der Dauer zu befragen. Sie haben meist selbst eine Vorstellung davon, wie viel Zeit die Umsetzung der vereinbarten Ziele in Anspruch nehmen wird. Man bekommt als Jobcoach mit etwas Geduld und ohne vorschnelle Benennung der eigenen

Vorstellungen hierzu fast immer eine konkrete Aussage. Sind diese von Arbeitgeber und Arbeitnehmer identisch oder ähnlich und deckten sich mit der Einschätzung des Jobcoachs, kommt man einer Vereinbarung über einen Integrationsplan wesentlich näher. Entscheidend für den Prozess ist die Einigung von Arbeitgeber und Arbeitnehmer auf einen Zeitrahmen, den auch der Jobcoach für realistisch hält.

In manchen Fällen ist die Dauer durch äußere Bedingungen festgelegt, beispielsweise durch Praktikumszeiten (→ Fallbeispiel Bäckerei), oder der Leistungsträger folgt dem Vorschlag des Jobcoachs nicht (→ Fallbeispiel Sekretariat). Man wird gemeinsam überlegen müssen, ob solche Vorgaben Einfluss auf den Erfolg haben und wie dieser aussieht. Insbesondere ist zu prüfen, ob dadurch eine Änderung der Ziele notwendig wird.

Zeitliche Strukturierung: Der Start des Jobcoachings sowie die Auswertungstermine berücksichtigen absehbare Veränderungen. Eine geplante Umstrukturierung oder Entscheidungen über Arbeitszeitverkürzungen sollten beispielsweise erst abgeschlossen sein, bevor das Jobcoaching beginnt. Der Starttermin wird auch von zeitlichen Ressourcen des Jobcoachs und Vereinbarungen mit dem Leistungsträger bestimmt, z. B. falls der zeitliche Umfang oder das ganze Jobcoaching erst dort beantragt und genehmigt werden muss.

Der Jobcoach ist am Beginn des Prozesses ein- bis dreimal pro Woche zwei bis drei Stunden am Arbeitsplatz des Mitarbeiters mit Behinderung. Bei Neueinstellungen und insbesondere bei arbeitsunerfahrenen jungen Menschen ist dies erfahrungsgemäß deutlich häufiger. In vielen Fällen besteht hier auch ein höherer Beratungsbedarf für den Arbeitgeber.

Bestandteile des Jobcoachings sind regelmäßige Auswertungsgespräche etwa alle zwei bis drei Monate sowie ein Abschlussgespräch. Mindestens ein derartiges Auswertungs Gespräch etwa in der Mitte der vereinbarten Zeit ist sinnvoll. An diesen Gesprächen sollten alle beteiligten Personen teilnehmen. Dies ist eine Art Lenkungsgruppe, die den Integrationsprozess begleitet. Sie überprüft und bewertet die Ziele, legt eventuell neue fest oder vereinbart bei Bedarf die Einleitung weiterer Unterstützungsmöglichkeiten.

Die Anwesenheit des Jobcoachs im Betrieb nimmt im weiteren Verlauf kontinuierlich ab. Gegen Ende sind auch 14-tägliche Termine möglich. Länger andauernde Prozesse müssen nicht unbedingt mehr Jobcoaching-Stunden zur Konsequenz haben. Beispielsweise benötigen Lernprozesse zum Erwerb von Schlüsselqualifikationen meist mehr Zeit, jedoch nicht eine so häufige Präsenz, da weniger konkret geübt, sondern mehr mit Reflexionsimpulsen gearbeitet wird (→ »Realisieren von Lösungen: Phase der Intervention und Veränderung«, S. 111). Eine genaue Kenntnis der Arbeitsinhalte benötigt der Jobcoach dafür meistens nicht. Ein unerwartet krisenhafter Verlauf oder eine Ausweitung der Ziele können eine Verlängerung erforderlich machen (→ »Verlängerung des Jobcoachings«, S. 151).

Auswahl des Jobcoachs: Normalerweise wird die Wahl des Jobcoachs schon zu Beginn nach berufsspezifischen oder behinderungsspezifischen Fachkenntnissen erfolgt sein, wenn dies erforderlich war. Prinzipiell kann aber auch in der Klärungs- und Planungsphase festgestellt werden, dass ein Jobcoaching zwar sinnvoll ist, der Jobcoach selbst aber nicht über optimale Kompetenzen zur Umsetzung verfügt. In vielen Fällen wird er sich fehlende Kenntnisse aneignen können. Manchmal wird aber jetzt deutlich, dass eine andere Person das Jobcoaching durchführen sollte. Ein Wechsel ist zu diesem Zeitpunkt problemlos möglich. Arbeiten mehrere Jobcoaches in einer Institution oder einem Netzwerk, lässt sich ein breiteres und effektives Angebot mit spezifisch qualifiziertem Fachpersonal am einfachsten realisieren.

Möglicherweise sind auch geschlechterspezifische Fragen zu beachten. Dies gilt für die Wünsche der behinderten Mitarbeitenden ebenso wie für männlich oder weiblich dominierte Arbeitsbereiche. Mit dem »passenden« Geschlecht wird hier in manchen Fällen die Kommunikation leichter und die Selbstintegration und letztlich der gesamte Jobcoaching-Prozess kann besser gelingen.

ABBILDUNG 4 Der Lösungsraum als Schnittmenge der drei Hauptbeteiligten

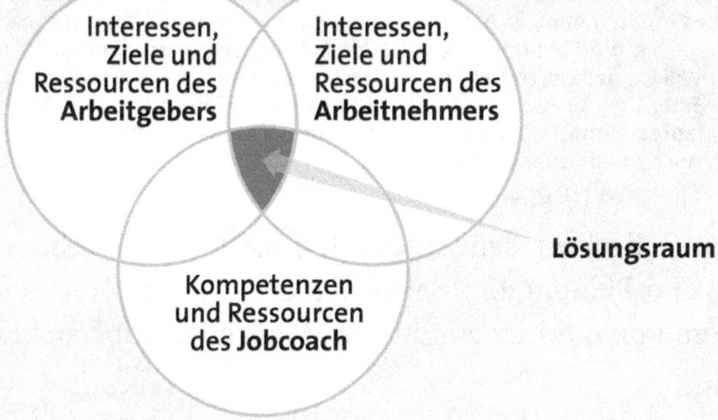

Abbildung 4 zeigt den Lösungsraum, in dem Interessen und Ziele von Arbeitgeber und Arbeitnehmer sowie die Kompetenzen und Ressourcen des Jobcoachs zusammenfinden.

Abschluss der Klärungs- und Planungsphase

Zwischen Klärungs- und Planungsphase und Start des Jobcoachings kann ggf. je nach Arbeitskontext und Leistungsträger eine Pause entstehen. Konzeptionell ist diese manchmal für Bearbeitungszeiten zur Bewilligung des Jobcoachings notwendig. Die Arbeitshilfe 3 (Informationserhebung und Planungsdokumentation) ist ein Vorschlag für eine strukturierte Zusammenstellung der wichtigsten Informationen für den Leistungsträger.

Mit Vereinbarung der Ziele, der Dauer und des Starttermins ist die Phase der Auftragsklärung und Planung abgeschlossen. Anschließend folgt die Phase der Selbstintegration des Jobcoachs in den Betrieb und damit der Beginn seiner Tätigkeit am Arbeitsplatz des Klienten. Bestenfalls verbinden die Beteiligten am Ende der Planungsphase mit dem Jobcoaching positive Erwartungen. Ein Wandel der inneren Haltung bei einer positiv verlaufenen Planungsphase kann beispielsweise so aussehen:

Aussagen von Arbeitnehmern:	**Aussagen von Arbeitgebern:**
Beginn der Planung »Ich weiß nicht, was der Jobcoach von mir will. Ich bemühe mich, meine Arbeit so gut zu machen, wie ich kann. Wenn die mich hier nicht mehr wollen, dann sollen sie es sagen. Ich kann mir nicht vorstellen, wozu ich einen Jobcoach brauchen soll.«	**Beginn der Planung** »Ich bin mir nicht sicher, ob der Jobcoach unsere Situation versteht. Sie ist sehr schwierig und erscheint aussichtslos. Schließlich kennen wir unseren Mitarbeiter sehr gut und wissen, dass er überfordert ist. Daran wird auch er nichts ändern. Und eine andere Arbeit haben wir für ihn nicht.«
Abschluss der Planung »Der Jobcoach hat mir zugehört und verstanden, wie es mir hier geht. Er hat nicht gesagt, dass ich schuld bin oder alles falsch mache. Er will versuchen, mit allen im Betrieb nach einer Lösung zu suchen, damit ich hier arbeiten kann. Vielleicht kann ich ja auch noch etwas dabei lernen.«	**Abschluss der Planung** »Der Jobcoach hat uns nichts versprochen, aber einen gangbaren Weg aufgezeigt. Der Aufwand ist überschaubar. Wir werden uns darauf einlassen, auch weil der Mitarbeiter uns leidtut und wir jede Chance nutzen wollen, ihn zu halten.«

Im Folgenden stellen wir den Ablauf und die Ergebnisse bei der Auftragsklärung und Planung der Beispielfälle vor, jeweils verbunden mit Reflexionen und methodischen Entscheidungen des Jobcoaches.

Auftragsklärung und Planung beim Fallbeispiel Bäckerei

Die Auftragsklärung und Planung beim Fallbeispiel Bäckerei beginnt mit einem vom Integrationsfachdienst (IFD) initiierten Gespräch mit der Klientin Frau Knoche, ihrer Mutter, zwei Lehrerinnen, der Kollegin aus dem IFD sowie dem Jobcoach. Der Vorschlag eines Jobcoachings war bei der Klientin und ihrer Mutter auf Interesse gestoßen. Gleichzeitig zeigten sich laut der Kollegin vom IFD auch die Lehrerinnen sehr stark an den Möglichkeiten des Jobcoachings interessiert, die damit bisher keinerlei Erfahrungen gemacht hatten. Die Planung eines Jobcoachings findet in der Regel im Betrieb statt, in diesem Fall jedoch beim IFD als federführender Einrichtung, da die Teilnahme von Eltern und Lehrerinnen gewünscht war.

Eine große Gesprächsrunde kann Nachteile haben: Häufig halten sich Klienten vor den »Autoritätspersonen« zurück. Manchmal führen auch angesprochene Defizite oder Bedenken zur Entmutigung, noch bevor die eigentliche Arbeit beginnen kann. Aufgrund des Interesses der Lehrerinnen und der Möglichkeit, Informationen aus der Schule zu erhalten, lasse ich mich jedoch auf das Gespräch ein. Ich werde darauf achten müssen, dass die Nachteile möglichst nicht zum Tragen kommen. Außerdem werde ich mit der Klientin beim nachfolgenden Termin im Betrieb allein sprechen können.

Der Jobcoach erläutert zu Beginn seine Aufgaben und den Rahmen eines Jobcoachings. Frau Knoche hält sich im Gespräch sehr zurück. Der Jobcoach fragt sie nach ihrer Arbeit im Praktikum und muss die Mutter behutsam und freundlich daran hindern, nicht die Fragen anstelle ihrer Tochter zu beantworten. Die Schülerin berichtet: »Ich arbeite donnerstags und freitags, fange pünktlich um 14.15 Uhr an. Um 14.30 Uhr wird der Laden geöffnet, und mit Frau Osenberg bin ich dann bis 18.30 Uhr im Laden. Dann ist Schluss.« Sie berichtet, dass ihr die Arbeit in der Bäckerei Spaß mache, insbesondere fühle sie sich bei ihrer jetzigen Anleiterin und Kollegin, Frau Osenberg, gut aufgehoben.

Frau Knoche macht auf mich einen schüchternen Eindruck. Ihr scheint in dieser großen Runde das Reden sehr schwerzufallen. Für einen guten Kontaktaufbau zu ihr ist es sicher hilfreicher, später gemeinsam etwas am Ar-

beitsplatz zu tun. Vorab will ich die Runde nutzen, um von den Lehrerinnen eine Einschätzung der Fähigkeiten der Klientin zu erhalten. Diese Informationen könnten für die Planung des Jobcoachings hilfreiche Anhaltspunkte und Ideen liefern. Insbesondere denke ich an die geschilderten Wünsche der Klientin, die Bezeichnungen der Backwaren zu lernen und die Kasse bedienen zu können.

Die Lehrerinnen erzählen, dass Zahlen und Mathematik nicht zu den Stärken von Frau Knoche gehören. Neben vielen Wiederholungen brauche sie auch Motivation und Unterstützung von jemandem, dem sie vertraut. Die Lehrerinnen haben Bedenken, ob Frau Knoche die Arbeit schaffen wird.

Die Erfahrungen aus der Schule speichere ich ab: Ein erfolgreicher Lernprozess von Frau Knoche wird Wiederholungen, Motivation und eine vertrauensvolle Begleitung benötigen. Die andere Umgebung im Praktikum wird ihre Fähigkeiten neu beeinflussen. In welcher Weise, muss sich zeigen. Ob die Bedenken der Lehrerinnen zutreffen und ein unüberwindbares Hindernis besteht, ist für mich noch nicht abzusehen.

Ich vereinbare einen Termin mit Frau Knoche wenige Tage später an ihrem Praktikumsplatz.

Schritt 1: Erfassung von Interessen, Zielen und Ressourcen

Gespräch mit dem Arbeitgeber: Mit dem Personalleiter wurde ein Gesprächstermin vereinbart. Er berichtet: Die Bäckerei hat 26 Filialen, am Firmensitz die Backstube und eine Verkaufsfiliale, in der Frau Knoche im Rahmen des Praktikums tätig ist. Insgesamt hat die Bäckerei 125 Mitarbeiter. Der Personalleiter ist sehr zufrieden über den bisherigen Verlauf des Praktikums, mit dem Engagement der Praktikantin und den Rückmeldungen von Frau Osenberg. Er hat den Eindruck, dass Frau Knoche gut arbeitet und wiederholt seine Aussage, dass es für sie immer Arbeit in einer Filiale geben würde, wenn sie die Bedienung der Kunden und der Kasse lernen würde. Engagierte Praktikanten seien für die Firma immer auch potenzielle Mitarbeiter. Mit dieser überraschend klaren Perspektive einer Übernahme bei weiterhin positiver Entwicklung von Frau Knoche wird das Gespräch beendet.

Die große Mitwirkungsbereitschaft des Betriebs im Rahmen des Praktikums überrascht mich positiv. Der Bedarf des Arbeitgebers an zuverlässigem Personal ist deutlich spürbar. Überlegungen zum sinnvollen Einsatz von Frau Knoche lassen gute Möglichkeiten für die Gestaltung des Aufgabenbereichs erkennen. Mir kommt die Idee, dass möglicherweise in einer Filiale, in der mehrere Verkäuferinnen sich die Aufgaben aufteilen, Frau Knoche von schwierigen bzw. komplexen Tätigkeiten entlastet werden könnte. Das würde auch für den Lern- und Einarbeitungsprozess gute Möglichkeiten bieten. Außerdem ist es hilfreich, dass vom Arbeitgeber konkrete Arbeitsanforderungen benannt werden, die für eine realistische Beschäftigungsperspektive notwendig sind.

Frau Knoche bei der Arbeit: Als der Jobcoach wenig später die Filiale betritt, steht Frau Knoche im Hinterzimmer. Sie wiegt, verpackt und etikettiert Tortenböden, während Frau Osenberg Kunden bedient. Frau Knoche ist augenscheinlich sehr zufrieden. Der Jobcoach lässt sich ihren Arbeitsplatz zeigen: Im Verkaufsraum stehen die typische Warentheke mit Backwaren und Kuchen, Süßigkeiten und Zeitungsregale sowie wenige Bistrotische mit Stühlen. Hinter der Theke befinden sich das Brotregal und ein Konvektomat, in dem Brötchen gebacken werden. Daneben gibt es eine Arbeitsfläche mit einer großen Thermoskanne für Kaffee, eine Pinnwand mit handgeschriebenen Notizen und die Kasse. Auf dem Verkaufstresen stehen Süßigkeiten und verpackte Backwaren. Der Laden macht einen gemütlichen und funktionalen Eindruck. Im Hinterzimmer stehen sauber gestapelte Plastikkörbe für Backwaren, es gibt Regale und eine Arbeitsfläche mit einer Waage. In einem Nebenraum stehen eine große Kaffeemaschine und eine Spüle, an der Wand hängen Schürzen und Kittel.
Frau Knoche bereitet das Bäckereisortiment für die Öffnung der Filiale vor, sie schiebt Brötchen in den Konvektomaten und schneidet Brot. Im »Hinterzimmer« packt sie Paniermehl ab, verpackt Tortenböden, räumt Bleche weg, kocht Kaffee und spült Geschirr. Später bedient sie auch Kunden und die Kasse. Alles macht sie gemeinsam mit ihrer Anleiterin, Frau Osenberg.

Die Anzahl der Produkte in der Bäckerei ist größer, als von mir erwartet. Zudem erzählt Frau Osenberg, dass die Waren saisonal wechseln. Für Frau Knoche wird es notwendig sein, dass sie jedes Produkt mit dem Produktnamen und dem Preis so verbinden kann, dass der Kunde die richtige Ware erhält und den korrekten Betrag dafür bezahlt. Die Preisschilder im Brotregal geben Auskunft über Namen und Preis. Für Brötchen und Kuchen sind die Schilder nicht einsehbar. Die Frage ist, ob Frau Knoche schnell genug Preise und Namen der Produkte lesen und erfassen kann, um die Schilder zu nutzen. In meinem Kopf entstehen erste Ideen für Interventionen: Lernkarten mit Produktbild.

Am Arbeitsplatz ist zu beobachten, dass Frau Knoche ihrer Kollegin bei Bedarf vom Kunden bestellte Produkte zeigt und Frau Osenberg dann die entsprechenden Preise nennt. Die Kasse bedient Frau Knoche nur mit verbaler Unterstützung: Sie ist unsicher beim Lesen von Zahlen und verwechselt zum Beispiel 3,29 Euro mit 3,92 Euro. Frau Knoche benötigt für alles mehr Zeit, als die meisten Kunden zu akzeptieren scheinen. Als Frau Knoche für einen Kunden kassiert, steht sie vor der offenen Kasse und sucht unsicher und sehr langsam einzelne Scheine und Münzen für den korrekten Wechselbetrag zusammen. Ihre fragenden Blicke gehen zu Frau Osenberg, die ihr schnell hilft. Gemeinsam entsteht die Idee, für Frau Knoche die Retourgeld-Anzeige der Kasse zu aktivieren und als Rechenhilfe zu nutzen (diese hatte die Kollegin nie genutzt, »um mich im Kopf fit zu halten«). Schon nach wenigen Durchgängen versteht Frau Knoche das neue Prinzip und sagt: »Das hilft mir, den Betrag da immer zu sehen.«

Ich freue mich, dass der freie Blick als Außenstehender mit so einer Kleinigkeit hilfreich sein konnte. Zudem sehe ich, wie Frau Knoche das neue Vorgehen an der Kasse erlernt. Sie kann es mit Spaß an der Sache und wenigen Wiederholungen umsetzen. Perspektivisch entsteht bei mir die Idee, das Abzählen von Kleingeld im schlechtesten Fall später durch eine technische Lösung zu kompensieren: Frau Knoche könnte mit einer Kasse arbeiten, die ähnlich wie im Linienbus automatisch das Wechselgeld abzählt und auswirft. Dies könnte eine Lösung sein, wenn sie das geforderte Tempo nicht einhalten kann. Sollte dies notwendig werden, sind mit dem Leistungsträger eine Realisierungsmöglichkeit und die Finanzierung zu prüfen.

Mit den Kunden geht Frau Knoche freundlich um. Auch wenn sie in einzelnen Situationen einen etwas unsicheren Eindruck macht, scheint dies eine ihrer Stärken zu sein. Die Kundschaft während des ersten Betriebsbesuchs besteht überwiegend aus Stammkunden, die meisten begegnen ihr eher geduldig und verständnisvoll.

Die vielen Stammkunden könnten ein Vorteil für Frau Knoche sein. Vermutlich werden sie ihr vertrauter und geben ihr mit der Zeit Sicherheit. Zudem bringen sie bis zu einem bestimmten Grad Geduld auf und warten auf die etwas langsame Verkäuferin. Für Frau Knoche wird es trotzdem wichtig sein, mit Zeitdruck und Stress umzugehen, insbesondere wenn viele Kunden im Laden darauf warten, bedient zu werden.

Im Gespräch wiederholt Frau Knoche, dass sie gerne im Verkauf arbeiten möchte. Sie macht dabei einen hoch motivierten Eindruck, weiter im Praktikum zu lernen. Sie wiederholt auch noch einmal den Wunsch, hier gerne nach ihrer Schulzeit zu arbeiten. Sie hat sogar in ihren Ferien in der Bäckerei ausgeholfen. Frau Knoche zeigt zudem, dass sie sich auf das Jobcoaching freut.

Schritt 2: Reflexion und Konzeptionierung eines Jobcoaching-Angebots

Die gesammelten Informationen werden im Kopplungsfenster eingetragen, sortiert und Kopplungsmöglichkeiten analysiert (Abbildung 5): Um an diesem Arbeitsplatz längerfristig tätig sein zu können, muss Frau Knoche ihr Wissen über Produktnamen und Preise sowie ihre Fähigkeiten bei der Kassenbedienung erweitern und darin Routine entwickeln. Produktnamen und Preise von Brot, Brötchen und Kuchen muss sie auswendig lernen. Hier könnten Foto-Lernkarten zum Einsatz kommen. Sie ist sehr motiviert, benötigt aber behinderungsgerechte Lernwege, Zeit für Wiederholungen und eine vertrauensvolle Person, die sie beim Lernen unterstützt. Sollte dieser Lernprozess nicht oder nicht vollständig möglich sein, wären Kompensationsmöglichkeiten, beispielsweise durch eine Kasse, die automatisch Wechselgeld herausgibt, eine Alternative. Preise könnten für Frau Knoche sichtbar auf die Rückseiten der Preisschilder an der Verkaufstheke geschrieben werden, sie könnte sie dann ablesen.

ABBILDUNG 5 Kopplungsfenster für das Beispiel Bäckerei

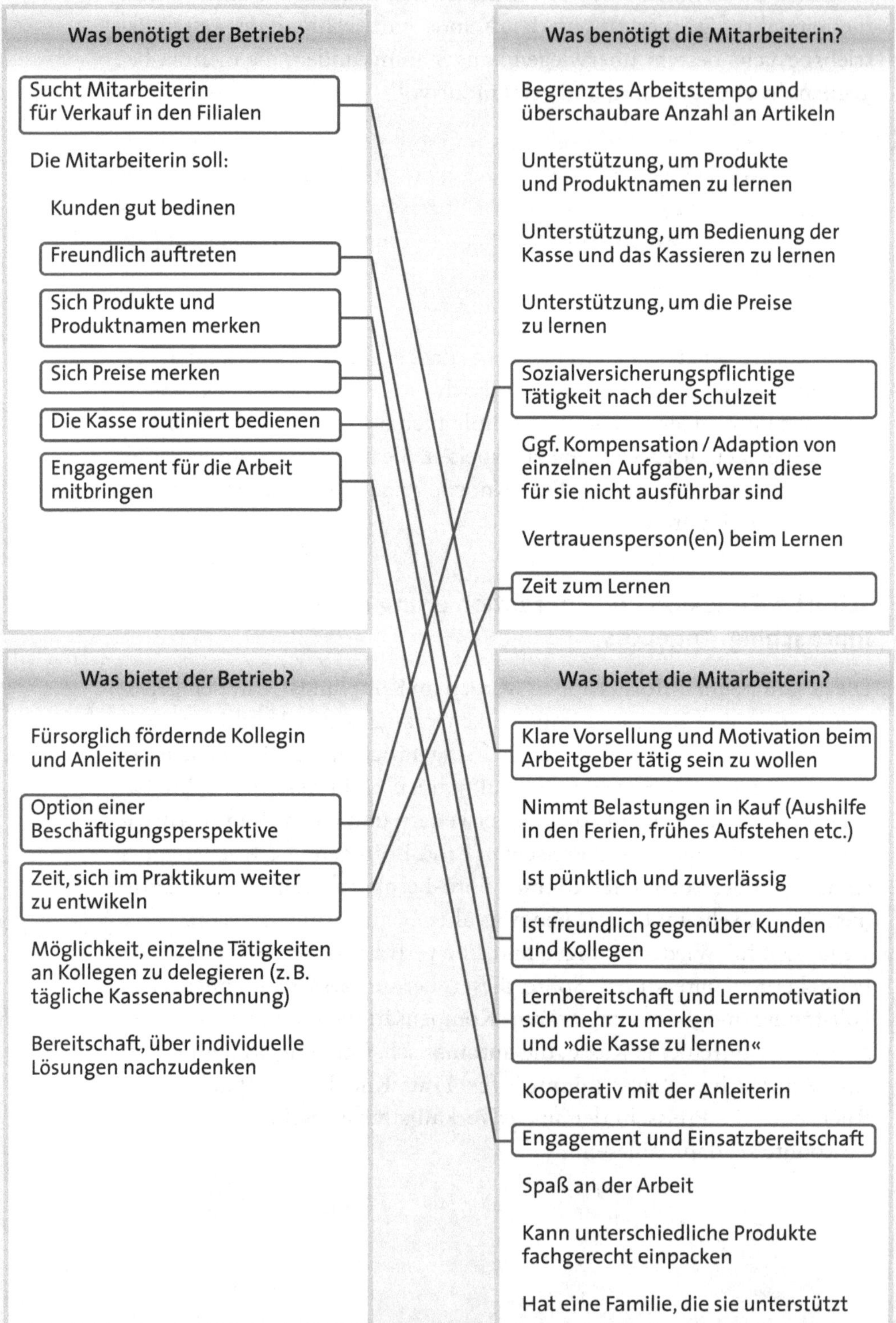

Als erster Schritt bietet sich an, mit Frau Knoche die Namen und Preise der Produkte zu lernen. Frau Osenberg wird positive Veränderungen höchstwahrscheinlich sofort wahrnehmen, was einer weiteren beruflichen Perspektive beim Arbeitgeber sicherlich positive Impulse gibt. Später sollte Frau Knoche die Preise sicher in die Kasse eingeben können. Ihre hohe Motivation spricht dafür, dass hier »was geht«. Methodisch gibt es die Möglichkeit, außerhalb der Öffnungszeiten und ohne Kunden in Rollenspielen die Kassenbedienung mit vielen Wiederholungen zu üben. Zwischen Schule, Arbeitgeber, Familie, IFD und Frau Knoche kann eine Verlängerung des Praktikums jetzt noch nicht abgestimmt werden, dies erscheint bei positivem Verlauf aber wahrscheinlich notwendig. Die Dauer des Praktikums begrenzt das Jobcoaching aktuell auf drei Monate.

Frau Knoche ist hoch motiviert, wird aber aufgrund ihrer Lernschwierigkeiten mehr Zeit benötigen, die vielen Produkte, Produktnamen und Preise zu erlernen. Mit der Bedienung der Kasse und den Kundengesprächen (Schlüsselqualifikation) sind zudem Tätigkeiten auszuführen, die etwas komplexer sind. Daher erwarte ich, dass der Lern- und Einarbeitungsprozess sieben bis acht Monate dauern wird.

Schritt 3: Vereinbarungen zum Jobcoaching

Im Gespräch werden die zuvor mit Frau Knoche besprochenen Lernmöglichkeiten und Entwicklungsperspektiven vorgestellt. Aus fachlicher Sicht wird aufgezeigt, dass Frau Knoche Unterstützung, viele Wiederholungen und Zeit benötigt, um sich in neue Aufgaben einzuarbeiten. Hierfür ist im Praktikum noch genügend Zeit, der Schulabschluss wird erst in neun Monaten sein. Mit den Beteiligten kann ein Konsens über das Jobcoaching erreicht werden und alle stimmen der Vorgehensweise zu.

Anschließend werden die praktischen Dinge besprochen: Der erste Termin für den Trainingsbeginn wird in zweieinhalb Wochen sein, wenn bis dahin die Kostenzusage des Integrationsamts vorliegt. Darum kümmert sich der Jobcoach, nachdem Frau Knoche bereits vorab ihren Antrag gestellt und den Jobcoach von der Schweigepflicht entbunden hat, damit dieser mit dem Arbeitgeber, dem Integrationsfachdienst und dem Integrationsamt zusammenarbeiten kann. Es werden anfangs wöchentlich zwei Besuche des Jobcoachs am Arbeitsplatz vereinbart. Er benötigt dafür eine Hygieneunterweisung und ein Gesundheitszeugnis. Kleidung wird vom Arbeitgeber in Form eines weißen Kittels gestellt. Ansprechpartner sind der Personalleiter und Frau Osenberg.

Im Auto habe ich das Gefühl einer weitgehend »runden Sache«. Offen bleibt, wie sich der Lernprozess entwickeln wird. Aufgrund der hohen Motivation und des ersten Lernerfolgs an der Kasse entsteht bei mir der Eindruck, dass eine Beschäftigungsperspektive durchaus realistisch ist.

Zusammenfassung der Planung beim Fallbeispiel Bäckerei

Gemeinsam vereinbarte Ziele für das Jobcoaching:

- Frau Knoche kennt Produkte und Produktnamen der Bäckerei sowie deren Preise.
- Frau Knoche kann die Kasse bedienen und Wechselgeld korrekt herausgeben.
- Frau Knoche geht sicher mit den Kunden und ihren Wünschen um.
- Kollegen und der Arbeitgeber lernen, mit welcher Art von Unterstützung Frau Knoche zu ihrer beruflichen Leistung finden kann.

Dauer des Jobcoaching:
3 Monate (bis zum Ende des Praktikums, inkl. 3 Wochen Pause wegen Ferien) = 9 Wochen

(Dem Leistungsträger wird vorab mitgeteilt, dass bei erfolgreichem Verlauf eine Verlängerung notwendig erscheint und zu erwarten ist.)

Stunden für das Jobcoaching:
6 Stunden pro Woche x 9 Wochen + 1 Stunde Abschlussgespräch = 55 Stunden

(Fortsetzung Seite 123)

Auftragsklärung und Planung beim Fallbeispiel Sekretariat

Der erste Termin findet am Arbeitsplatz der Klientin Frau Falk in einem Nebengebäude einer sozialen Einrichtung statt. Die Beratungsstelle befindet sich im dritten Stock. Der lange Flur mit Gardinen und Möbeln aus den 70er-Jahren machen auf den ersten Blick einen etwas altmodischen Eindruck. Beim Gespräch mit der Mitarbeiterin des Integrationsfachdienstes und Frau Falk stellt sich der zuständige Mitarbeiter aus der Personalabteilung kurz vor und versichert die Unterstützung beim Jobcoaching. Leider muss er sich aber wegen eines anderen Termins gleich wieder entschuldigen.

Schritt 1: Erfassung von Interessen, Zielen und Ressourcen

Gespräch mit Frau Falk: Frau Falk beginnt das Gespräch mit dem Satz: »Gut, dass Sie endlich da sind!« Der Jobcoach fragt sie, woran sie merken würde, dass sich etwas an der Arbeitssituation verändert hat. Sie macht eine Pause und überlegt: »Ich wäre nicht mehr so angespannt und ich bekäme Luft zum Atmen. Ich mache mir selbst großen Druck, keine Fehler zu machen. Ich fühle mich permanent unter Beobachtung.« Sie beginnt, die Probleme mit ihrer Vorgesetzten zu schildern: »Ich darf keine Sekretariatsaufgaben machen. Meine Vorgesetzte hat mir sogar untersagt, die Blumen zu gießen. Man traut mir gar nichts mehr zu. Alles, was ich mache, ist falsch.« Sie schaut irritiert und erinnert sich: »Sie wollten eigentlich wissen, wie eine Lösung aussehen könnte.« Nach kurzem Zögern sagt sie zurückhaltend: »Eigentlich wünsche ich mir einen eigenen Verantwortungsbereich.«

Klingt nach unfairen Geschichten, die die Klientin erzählt. Die Vorgesetzte kann doch nicht wirklich wollen, dass ihre Sekretärin keine Sekretariatsaufgaben übernimmt. Die Verzweiflung von Frau Falk war spürbar. Man möchte selbst nicht in einer solchen Arbeitssituation stecken. Keine Arbeit am Arbeitsplatz zu haben kann grausam sein. Vielleicht lasse ich mich auch von der Sichtweise der Klientin anstecken und bin gerade in der Gefahr, parteiisch zu werden. Grundsätzliche Veränderungen scheinen für eine Integrationslösung notwendig zu sein. Neue Vereinbarungen über Arbeitsinhalte und die Gestaltung der Zusammenarbeit mit der Vorgesetzten und ggf. anderen Verantwortungsträgern des Arbeitgebers sind meine ersten Lösungsimpulse.

Die Klientin hat früher in der Verwaltung ihres Arbeitgebers gearbeitet, bevor sie vor drei Jahren in das Sekretariat der Beratungsstelle gewechselt ist. Das übrige Team der Beratungsstelle arbeitet seit zwanzig Jahren in derselben Besetzung zusammen. Auf die Frage, was sie besonders gut kann, antwortet die Klientin: »Ich kann gut mit dem PC umgehen.«

Dies könnte eine Ressource sein, die für den Arbeitgeber hilfreich und vielleicht entscheidend ist.

Sie erzählt: »Meine Chefin ist nicht so gut mit dem PC. Sie kann zum Beispiel keinen Outlook-Kalender einrichten und nutzt ihn auch nicht.« Sie berichtet auch davon, dass sie total verunsichert sei: »Ich weiß gar nicht, wann ich bei meiner Arbeit einen Fehler mache oder wann ich etwas richtig mache. Ich bin krank geworden, weil ich nicht mehr konnte. Immer wieder diese Gespräche über Probleme mit meiner Vorgesetzten! Immer und immer wieder.«

Während ich mit der Klientin die wenigen Schritte zu ihrem großzügigen, aber in die Jahre gekommenen Schreibtisch an der Anmeldung gehe, stellen sich mir Fragen: Wie lässt sich die Zusammenarbeit effektiver gestalten und wie können Absprachen getroffen werden? Welche Vereinbarungen lassen sich treffen, damit die Klientin einen eigenen Verantwortungsbereich bekommen kann?

Am Arbeitsplatz von Frau Falk: Ihr Arbeitsplatz macht einen sehr aufgeräumten und geordneten Eindruck. Die Eckkombination besteht aus PC, Drucker, Rezeptionstheke, Rollcontainer und Aktenschränken. Bei der Erläuterung ihrer Tätigkeiten macht die Klientin einen klaren, überlegten und geordneten Eindruck. Nicht ohne Stolz zeigt sie ein von ihr entworfenes Formular für Telefonnotizen: »Das ist in den letzten drei Jahren das Einzige gewesen, was meine Vorgesetzte nicht kritisiert hat.« An jedem Arbeitstag bekommt sie die Aufträge von ihrer Chefin schriftlich. »Manchmal sind sie unverständlich, ich frage dann nach oder erledige sie und bekomme sie dann mit Änderungswünschen zurück.« Sie zeigt eine Bestell-Postkarte, die sie zurückbekommen hat, weil beim Absender die Angabe »gGmbH« fehlte. »Auf unserem Stempel steht doch alles noch einmal mit ›gGmbH‹«, empört sie sich. »Nun soll ich mit der Schreibmaschine unsere Adresse korrekt schreiben. Das ist doch kleinkrämerisch. Die Post kommt in jedem Fall auch ohne diese Bezeichnung an.«

Mein erster Impuls besteht aus Ärger. Wie kleinlich! Was treibt die Vorgesetzte? Ihre Rückmeldungen sind sehr pedantisch. Ich fühle mich unwohl, wenn ich mir vorstelle, solch sinnlose Rückmeldungen bzw. Nacharbeitsaufträge zu erhalten. Meine Bewertung versuche ich allerdings zurückzustellen. Vielleicht reagiere ich auch zu heftig (ein Thema für die Supervision?). Ich weiß, dass es immer auch eine zweite Sichtweise gibt, die ich mir anhören möchte. Ich werde zunehmend neugierig auf die Vorgesetzte.

Der Wunsch von Frau Falk ist es, einen eigenen und eindeutigen Verantwortungsbereich zu erhalten. Sie möchte gute Arbeit machen und in ihrer Kompetenz anerkannt werden. Sie wünscht sich weniger Stress und Anspannung am Arbeitsplatz. Sie stimmt zu, dass es in erster Linie darum geht, ihre Zuständigkeiten zu klären und Stress am Arbeitslatz zu reduzieren. Der Jobcoach stimmt das weitere Vorgehen mit ihr ab: Als Nächstes folgt ein Einzelgespräch mit der Vorgesetzten, anschließend eine gemeinsame Vereinbarung für die Zusammenarbeit im Jobcoaching und die Planung der ersten Schritte.

Die Pause ist für mich eine Gelegenheit, die Informationen wirken zu lassen, zu sortieren und das Anliegen der Klientin zu verstehen. Ich erbitte mir eine kurze Auszeit, bevor ich in das Büro der Vorgesetzten gehe. Diese nutze ich, um mir einige Notizen zu machen und aus dem Fenster in den parkähnlichen Garten zu schauen. Die Unterbrechung macht mir (hoffentlich) den Kopf frei für das nächste Gespräch.

Gespräch mit der Vorgesetzten: Die Leiterin der Beratungsstelle und Vorgesetzte von Frau Falk, Frau Mix, bietet dem Jobcoach einen Platz an und nimmt Schreibzeug zur Hand, um alle Punkte des Gesprächs zu protokollieren.

Ich bemühe mich, Kontakt mit ihr aufzubauen, und bin sehr aufmerksam, um die Geschichte und Probleme aus ihrer Sicht zu verstehen.

Der Jobcoach fragt nach der konkreten Arbeit der Beratungsstelle und erfährt von unterschiedlichen Beratungsgesprächen, Beratungsthemen, neuen Angeboten, drei Standorten und ihren drei Mitarbeiterinnen im Sekretariat. Er stellt seine Arbeit vor und betont, dass er sich ausschließlich dafür interessiert, wie die Arbeitssituation im Sekretariat und das Arbeitsverhältnis von Frau Falk zur Zufriedenheit aller Beteiligten gestaltet werden können.

Die Vorgesetzte berichtet, dass die Klientin seit drei Jahren hier arbeite und die Einarbeitung von ihr sehr engagiert begleitet worden sei. Die Arbeitsergebnisse entsprächen jedoch immer noch nicht den Anforderungen der Beratungsstelle. Frau Falk führe daher nur von ihr zugewiesene Tätigkeiten aus. Dazu gehören zurzeit noch nicht viele Sekretariatsaufgaben. Sie verweist darauf, dass alle Aufgaben in einem Ordner genau beschrieben seien und die anderen beiden Sekretärinnen die verbleibenden Arbeiten erledigten. Sie seufzt und erzählt: »Frau Falk ist ja wirklich sehr engagiert und bemüht und ich habe sie auch die ersten zwei Jahre intensiv begleitet. Danach konnte ich nicht mehr Zeit investieren, weil auch die anderen Mitarbeiter und der Alltag der Beratungsstelle mich brauchen.«

Die »Stimmung« der Vorgesetzten scheint von anfänglich großer Fürsorge in Ablehnung und dann letztlich in ein Kündigungsbegehren gekippt zu sein. Ich frage mich, ob es gelingen kann, sie in ihrer früheren Haltung noch zu erreichen.

Sie erzählt weiter: »Frau Falk verliert den Überblick über ihre Arbeit und alltägliche Aufgaben kriegt sie nicht geregelt.« Frau Mix und ihr Team seien zu der Überzeugung gekommen, dass Frau Falk hier am falschen Platz sei. Mit der Bemerkung »Aber nach der Entscheidung der Geschäftsführung versuchen wir es halt noch einmal zusammen« beendet sie ihre Ausführungen dazu.

Ich gewinne den Eindruck, dass Frau Mix das Aussetzen der Kündigung wahrscheinlich als Niederlage oder als Zurechtweisung empfunden hat. Was bei der Arbeit »nicht gut läuft« und was genau die Probleme im Arbeitsalltag sind, habe ich noch nicht verstanden. Darüber möchte ich nun mehr erfahren.

Auf die Frage »Woran würden Sie merken, dass etwas mit Ihrer Mitarbeiterin besser läuft?« meint sie: »Ich müsste nicht immer nachfragen, ich würde unaufgefordert und zeitnah eine Auskunft bekommen. Auch müsste ich mir weniger Sorgen machen. Eigentlich wäre es auch schön, nach einer anstrengenden Beratung ins Sekretariat gehen zu können und mal einfach zu erzählen, was gerade gelaufen ist.« Sie würde es aber vor allem daran merken, wenn die Zuständigkeiten eingehalten würden. »Ich muss mit Frau Falk über so viele Selbstverständlichkeiten reden und sehe mich selbst dann immer wieder in der Gefahr, sie mit einer kleinschrittigen Arbeitsanweisung zu kränken.«

Ich verstehe ihre Anliegen. Sie sind greifbar und nachvollziehbar. Vermutlich kennt die Klientin die Meinung von Frau Mix nicht. Mir kommt die Idee, Zuständigkeiten der Sekretariatstätigkeiten mit den Betroffenen zu klären. Die Aussage »Einfach mal im Sekretariat erzählen zu können, was in der Beratung gelaufen ist« lässt mich stutzen: Ob Frau Mix Aufgaben und Zuständigkeiten im Team sinnvoll trennen kann? In jedem Fall wird ein Bedarf der Vorgesetzten deutlich, auch wenn ich ihn noch nicht genau fassen kann. Viele Gedanken und Ideen, aber wie ein sinnvoller Anfang gemacht werden kann, ist mir noch unklar.

Auf Nachfrage hat Frau Mix die Idee, das Jobcoaching mit den regelmäßigen morgendlichen Tätigkeiten zu beginnen: den PC hochfahren, E-Mails und Fax abrufen, den Anrufbeantworter abhören und die Informationen weitergeben. Sie ist der Meinung, dass Frau Falk auch wieder die monatliche Dokumentation der Beratungsfälle unterstützen und telefonische Anmeldungen zur Beratung entgegennehmen sollte. Mit diesen konkreten Ideen wird das Gespräch vorerst abgeschlossen. Anschließend müssen die Ideen in gemeinsamer Runde besprochen und das weitere Vorgehen vereinbart werden.

Die sehr unterschiedlichen Sichtweisen betrachte ich getrennt voneinander und sie scheinen kaum zusammenzupassen. Mir wird mal wieder deutlich, dass eine Klärung alter Geschichten und Verletzungen aussichtslos ist, um Veränderungen zu erreichen.

Schritt 2: Reflexion und Konzeptionierung eines Jobcoaching-Angebots

Die gesammelten Informationen werden im Kopplungsfenster eingetragen, sortiert und Kopplungsmöglichkeiten analysiert (Abbildung 6):

Die zwischenmenschlichen Probleme scheinen dominierend zu sein. Gleichzeitig habe ich für diesen Bereich keinen methodischen »Anpack« gefunden. Für die Planung erscheint es daher wichtig, Veränderungsmöglichkeiten nicht auf zwischenmenschlicher Ebene, sondern an anderen Stellen zu suchen. Sinnvoller erscheint es, Aufgaben festzulegen, die Frau Falk schrittweise übernehmen kann.

Der Bedarf der Vorgesetzten bezüglich der Tätigkeiten der morgendlichen Routine, der monatlichen Dokumentation und der Entgegennahme von Anrufen entsprechen dem Wunsch von Frau Falk, wieder selbstständig zu arbeiten und Verantwortungsbereiche zu übernehmen. Methodisch gibt es Möglichkeiten, die Übernahme der Tätigkeiten dynamisch zu steigern und die PC-Fähigkeiten von Frau Falk dabei einzubringen. Auch der Wunsch der Vorgesetzten, dass Frau Falk mehr Aufgaben übernehmen soll, erscheint so Schritt für Schritt im Jobcoaching umsetzbar.

ABBILDUNG 6 **Kopplungsfenster für das Beispiel Sekretariat**

Was benötigt der Betrieb?

Verlässliche Arbeitsergebnisse der Sekretärin

Morgenroutine soll klappen

Monatliche Dokumentation soll ausgeführt werden

Sekretärin soll Anrufe entgegen nehmen

Sekretärin soll mehr Aufgaben übernehmen

Vorgesetzte wünscht sich mehr Anerkennung ihrer Bemühungen und Wertschätzung ihres Engagements

Vorgesetzte möchte mit ihrer Sichtweise verstanden werden, als Chefin akzeptiert sein

Will weniger Arbeit mit dem Sekretariat, Sekretärin soll weniger nachfragen

Freundliches Auftreten gegenüber Kunden

Empathie bei Erstkontakten zu Kunden

Störungsfreie Alltagsabläufe

Unaufgefordert und pünktlich informiert sein

Vorgesetzte will sich weniger Sorgen machen müssen

Chefin will im Sekretariat einfach mal reden

Einhalten von Zuständigkeiten

Was benötigt die Mitarbeiterin?

Sie sucht Hilfe und Unterstützung

Will entspannter sein, weniger Stress erleben, ihren Platz und Freiheit haben

Sucht Wertschätzung und Anerkennung der eigenen Arbeit, ihrer Fähigkeiten und ihrer Fachlichkeit

Wünscht sich einen eigenen Verantwortungsbereich

Will wissen woran sie ist, will fachliche Orientierung

Verständliche Arbeitsaufträge

Keine (weniger?) Problemgespräche

Was bietet der Betrieb?

Die Vorgesetzte hat sich zeitlich und persönlich viel für die Mitarbeiterin engagiert, will dies in geringerem Umfang auch weiter tun

Alle Aufgaben des Sekretariats sind in einem Ordner beschrieben

Was bietet die Mitarbeiterin?

Will selbständig arbeiten

Kann gut am PC arbeiten

Sie möchte gute Arbeit machen

Es gibt einen Widerspruch, dass einerseits alle Tätigkeiten in einem Ordner beschrieben sind und dass sich die Klientin andererseits verständliche Arbeitsaufträge wünscht.
Leider habe ich den Ordner noch nicht eingesehen, so bleibt unklar, ob er inhaltlich oder von seiner Form her für Frau Falk tatsächlich hilfreich ist.
Ihre persönlichen Ressourcen könnte Frau Falk besser entfalten, wenn sie lernen würde, Stress und Anspannung in Arbeitssituationen selbst abzubauen. Beim Jobcoaching könnten mit ihr Ideen entwickelt werden, wie sie Kompetenzen bei der Stressregulation erwerben kann. Anschließend könnten diese im Arbeitsalltag geübt werden. Einig sind sich alle darin, dass selbstständigere Arbeit benötigt und gewünscht wird. Das scheint eine gute Basis für die Zusammenarbeit zu sein.
Mir ist noch nicht ganz klar, welche Ressourcen Frau Falk für die Erledigung der Arbeitsaufgaben hat. Eine schrittweise Vorgehensweise wird diese (und ggf. auch Grenzen) aufzeigen. Es ist zu erwarten, dass sie so besser einschätzbar für mich wird, im besten Fall auch für Frau Mix. Aufgrund der Ausgangssituation erscheint ein Einstieg in fest abgesprochenen Schritten und Zeiträumen sehr sinnvoll. So weiß Frau Mix die Arbeit einzuschätzen, und alle Beteiligten können einen Prozess der Übernahme einzelner Arbeitsaufgaben Schritt für Schritt dynamisch steigern. Zwischengespräche sollten vorzeitig vereinbart werden, damit der gesamte Prozess für alle transparent und einschätzbar bleibt.
Die Beteiligten schildern die Arbeiten im Sekretariat und in der Beratungsstelle über das Jahr hinweg als unterschiedlich. Beispielsweise gibt es im Sommer etwas mehr Ruhe. Dies wäre die Zeit, um Dinge in der Verwaltung aufzuarbeiten, die sonst liegen bleiben. Das Training sollte aus fachlicher Sicht daher eher gestreckt werden, sodass mit Pausen alle relevanten saisonalen Arbeits- und Belastungssituationen vorkommen. Es ist zu erwarten, dass neben den ohnehin schon vielfältigen Themen die zwischenmenschlichen Probleme den Prozess verlängern werden oder weitere Themen bzw. Ziele hinzukommen.
Frau Falk selbst ist zwar für den Erhalt ihrer Stelle hoch motiviert, ob sie diese Motivation jedoch auch für die Erreichung der Ziele einsetzen kann, erscheint mir unsicher. Alle Kriterien zusammen lassen eine längere Trainingsdauer sinnvoll erscheinen, vielleicht neun Monate inklusive Trainingspausen.

Schritt 3: Vereinbarungen zum Jobcoaching

Im Gespräch mit der Klientin und ihrer Vorgesetzten werden die zuvor in den Einzelgesprächen entwickelten Ideen und Vorschläge vorgestellt. Das Jobcoaching soll mit der Erarbeitung der morgendlichen Routinetätigkeiten sowie mit der korrekten Durchführung der Dokumentation beginnen. Nachfolgend sollen die telefonischen Anmeldungen von Ratsuchenden thematisiert werden. Dabei soll eine enge Vernetzung und Absprache zwischen der Vorgesetzten, der Klientin und dem Jobcoach stattfinden. Mit Frau Falk wird vereinbart, gemeinsam nach Möglichkeiten zu schauen, wie sie mit dem Stress am Arbeitsplatz umgehen kann. Zudem wird festgelegt, dass ihre Zuständigkeiten und Verantwortungsbereiche über den Zeitraum der Zusammenarbeit verbindlich vereinbart werden. Beide Beteiligten schätzen auf Nachfrage des Jobcoachs die dafür notwendige Dauer auf zwölf Monate ein.

Im Gespräch ist zwischen den beiden eine Spannung spürbar, die ich mir mit den zuvor gehörten Geschichten erkläre. Ich empfinde die Vereinbarungen für die Zusammenarbeit als passend, auch wenn mir zwölf Monate sehr lang erscheinen. Entscheidend wird sein, dass die zwischenmenschliche Dynamik die Zielerreichung nicht verhindert. Entgegen meinen Vorüberlegungen stimme ich der beiderseitigen Einschätzung zu, da ich die Gemeinsamkeiten der beiden unterstützen will. Gleichzeitig bediene ich mich eines methodischen Tricks und vereinbare Trainingspausen, in denen Frau Falk selbstständig die erarbeiteten Inhalte umsetzt und so hoffentlich eigenständige Erfolgserlebnisse erlebt, ohne dass mehr Trainingsstunden notwendig werden.

Die Vorgesetzte bittet darum, den nächsten Termin so zu planen, dass der Jobcoach im gesamten Beraterteam der Einrichtung vorgestellt werden kann. Mit diesen Vereinbarungen wird das Gespräch in einer etwas gelösteren Stimmung beendet.

In dieser Situation gibt es einige Wünsche und Erwartungen, die wahrscheinlich mit dem Jobcoaching nicht erfüllt werden können, beispielsweise »einfach mal mit der Sekretärin reden« oder »Wertschätzung der eigenen Arbeit durch die Vorgesetzte erfahren« oder der Wunsch nach etwas Ruhe im Miteinander unter den Kolleginnen und Kollegen.

Trotzdem bin ich froh, gleich mehrere »Anpacks« gefunden und entsprechende Ziele vereinbart zu haben. Ich ahne, dass mich die konfliktreiche Spannung in den nächsten Wochen und Monaten noch beschäftigen wird, aber vielleicht werde ich ja auch durch einen positiven Verlauf überrascht.

Dem Integrationsamt als zuständigem Leistungsträger wird ein Jobcoaching über zwölf Monate mit achtzig Stunden vorgeschlagen. Es folgt der Empfehlung allerdings nicht in vollem Umfang und entscheidet sich vorerst für einen Zeitraum von sechs Monaten mit einem Umfang von sechzig Stunden. Gleichzeitig stellt es eine Verlängerung um weitere sechs Monate bei positivem Verlauf in Aussicht.

Zusammenfassung der Planung beim Fallbeispiel Sekretariat

Gemeinsam vereinbarte Ziele für das Jobcoaching:

- Frau Falk lernt die zuverlässige und eigenständige Ausführung der morgendlichen Routineaufgaben und der monatlichen Archivierungstätigkeiten.
- Sie lernt, welche Daten bei der Anmeldung von Ratsuchenden erfasst werden müssen und wie sie entsprechende Telefonate sicher und freundlich führen kann.
- Frau Falk erweitert ihr Repertoire der Möglichkeiten, am Arbeitsplatz Stress zu regulieren.
- Die Abteilung und Frau Falk treffen feste Vereinbarungen über die Zuständigkeiten und Verantwortungsbereiche im Sekretariat und über Frau Falks konkrete Arbeit.

Dauer des Jobcoaching:	**Stundenumfang des Jobcoachings:**
12 Monate (mit Trainingspausen) (6 Monate vom Leistungsträger genehmigt)	80 Stunden (60 Stunden vom Leistungsträger genehmigt)

Mit der Zusage des Leistungsträgers, dass bei einem positiven Verlauf eine Verlängerung des Jobcoachings möglich ist, entscheide ich mich, an der abgesprochenen Planung nichts zu verändern. Frau Falk und ihre Vorgesetzte informiere ich über die Entscheidung des Leistungsträgers und betone, dass bei einem erfolgreichen Verlauf dem geplanten Vorgehen nichts im Wege stehen dürfte.

(Fortsetzung auf Seite 123)

Auftragsklärung und Planung beim Fallbeispiel IT

Die konkrete Arbeit beginnt mit einem Termin am Arbeitsplatz von Herrn Stauss. Es sind er selbst, der Schwerbehindertenvertrauensmann und der bisherige Vorgesetzte anwesend. Der Jobcoach bittet darum, sich erst mit dem Klienten in Ruhe unterhalten und seinen Arbeitsplatz sehen zu dürfen.

Schritt 1: Erfassung von Interessen, Zielen und Ressourcen

Herr Stauss bei der Arbeit: Herr Stauss begrüßt den Jobcoach an seinem Arbeitsplatz mit den Worten: »Heute entscheidet sich meine berufliche Zukunft.«

Mein erster Impuls: Wo bin ich denn da reingeraten? Ich spüre, wie wichtig dem Klienten unser erstes Gespräch und meine fachliche Einschätzung ist, und zweifle, dass mein Auftrag diese Erwartungen erfüllen kann.

Das weitere Gespräch verläuft schleppend. Auf die Frage nach seiner jetzigen Arbeit äußert Herr Stauss seinen Unmut: »Das reicht mir hier nicht! IT würde mich nicht so unterfordern.« Der Jobcoach lässt sich den bisherigen Arbeitsplatz zeigen und spricht dabei und im Anschluss ungestört mit Herrn Stauss. Dieser erzählt, dass er in der Freizeit viel am PC macht, während er den Jobcoach zur Packstation führt, an der er arbeitet. Zu sehen ist eine Werkhalle, in der ein Fließband verläuft. Am Arbeitsplatz von Herrn Stauss kommen laufend Pakete an, die mit einem Strichcode gekennzeichnet und dann per Scanner erfasst werden müssen. Der Jobcoach lässt sich die Abläufe erklären und beobachtet Herrn Stauss eine Zeit lang bei der Arbeit. Dieser führt die Tätigkeiten routiniert aus, beschreibt sie aber als sehr eintönig, das würde ihm einfach nicht mehr reichen.
Anschließend bittet der Jobcoach ihn, im Besprechungsraum unterschiedlich komplexe Probeaufgaben am PC zu lösen. Dabei zeigt Herr Stauss sich sehr geschickt und findet gute Lösungen. Die Kommunikation ist nicht einfach, weil Herr Stauss stottert und seine Aussprache verwaschen ist. Mit erhöhter Aufmerksamkeit ist er allerdings zu ver-

stehen. Als der Jobcoach seinen Laptop zuklappen will, zieht Herr Stauss ihn zu sich rüber und meint: »Jetzt zeig ich Ihnen mal was.« Ungefragt beginnt er, Einstellungen des Rechners zu verändern.

Ich erschrecke über seine spontane Handlung. Er hatte weder gefragt noch meine Zustimmung. Mit Mühe gelingt es mir, meinen Laptop »zurückzuerobern«. Das Ergebnis seiner Veränderungen hat jedoch überzeugt und einige Einstellungen verwende ich weiterhin.

Herr Stauss erzählt, dass er große Reisen auf andere Kontinente plane und sich dabei auf Englisch verständigen werde.

Er überrascht mich: Sein nachlässiges Äußeres und seine schleppende, manchmal wortkarge und häufig detailreiche Kommunikation hatten solche Fähigkeiten nicht vermuten lassen. Seine guten Englischkenntnisse werden ihm in der IT sicherlich hilfreich sein.

Auf die Frage, was er braucht, um in der neuen Abteilung gut starten zu können, reagiert er mit euphorischer Vorfreude auf eine Arbeit im IT-Bereich. Konkrete Wünsche an ein Jobcoaching benennt er jedoch nicht. Der Jobcoach gewinnt den Eindruck, dass Herr Stauss sich mit ihm an seiner Seite »anfreunden« kann, auf Nachfrage bestätigt er dies.

Die Arbeit mit anderen Klienten mit Asperger-Autismus geht mir durch den Kopf. Wie die neue Abteilung mit seiner etwas merkwürdigen Kommunikation oder seinem Faible für einige Lieblingsthemen umgeht, kann ich nicht absehen.

Der Jobcoach beendet das Gespräch und äußert seine Verwunderung, dass Herr Stauss ungefragt Einstellungen an seinem Laptop vorgenommen hat. Dieser nimmt dies kommentarlos entgegen.

Die bisherigen Informationen und Begegnungen sowie die Kenntnisse über das Behinderungsbild lassen vermuten, dass bei einem Wechsel in die neue Abteilung einiges zu regeln sein wird. Klare und eindeutige Absprachen, transparente Abläufe, ein fester Ansprechpartner und eine passende Gestaltung von Arbeitsbeziehungen werden notwendig sein, um den Lernprozess während der Einarbeitung gelingen zu lassen. Aus der Art und Weise seiner Kommunikation entsteht die Frage, welchen Strategien ihn davor schützen können, sich zu tief in eigene Gedanken und Ideen zu »verlieben«

und sich davon nicht ausreichend lösen zu können, um den Anforderungen der IT-Abteilung Rechnung zu tragen.

Erfassung der Informationen vom Arbeitgeber: Ein Gespräch mit dem Vorgesetzten des IT-Bereichs konnte nicht stattfinden, da die Abteilung in einer anderen Stadt arbeitet. Es fehlen jedoch wichtige Informationen über diese Abteilung und ihre Arbeit für die Planung mit Herrn Stauss. Eine Entscheidung über das Jobcoaching soll jedoch schnell erfolgen und die neue Abteilung möchte vor ihrer Zusage zum Praktikum, dass die Begleitung der Einarbeitung durch einen Jobcoach sichergestellt ist.

Auch wenn mir die Eile des Betriebs nicht gefällt, beschließe ich, das übliche Vorgehen bei der Planung zu verändern und die fehlenden Informationen über die neue IT-Abteilung durch die Schwerbehindertenvertretung so weit wie möglich zu erfassen.

Die Schwerbehindertenvertrauensperson berichtet dem Jobcoach: Der Abteilungsleiter der neuen Abteilung habe nach einer Internetrecherche Interesse daran, einen Menschen mit Autismus zu beschäftigen. Er sei der Überzeugung, dass »wir alle unsere Macken haben«. Es gebe die Bereitschaft, Herrn Stauss über ein Jahr einzuarbeiten. Im Anschluss sei eine Übernahme nicht ausgeschlossen. Der Abteilungsleiter habe aber noch Fragen. So sei unklar, was Herrn Stauss zuzutrauen sei, womit man ihn beauftragen könne und wie man mit seiner Erkrankung umgehen müsse. Der Schwerbehindertenvertrauensmann berichtet weiter, dass in der Abteilung eine sehr kreative Arbeitsatmosphäre herrsche und viele Tätigkeiten und Einsatzbereiche nach Aussagen des IT-Leiters für Herrn Stauss geeignet seien. Bedarf bestehe bei einfachen Arbeiten, wie Umzügen von PC-Arbeitsplätzen, Auslieferung von neuen Geräten sowie beim Einrichten von PCs und Laptops.

Nach meinem Eindruck vom alten Arbeitsplatz und den Schilderungen der neuen Anforderungen wird mir klar, dass Herr Stauss und die neuen Kollegen einen besonderen Lernprozess vor sich haben. Es wird eine Einarbeitung in eine vollständig andere Tätigkeit in einem ganz anderen Umfeld mit erhöhten Kommunikationsanforderungen notwendig sein, dafür muss ausreichend Zeit und Raum zur Verfügung stehen.

Der Arbeitgeber beantragt finanzielle Hilfen für die Einrichtung des neuen PC-Arbeitsplatzes von Herrn Stauss sowie für seine Teilnahme an einer EDV-Weiterbildung beim Integrationsamt. Die dafür notwendigen Aufgaben und Anträge klärt der Integrationsfachdienst mit den Beteiligten.

Schritt 2: Reflexion und Konzeptionierung eines Jobcoaching-Angebots

Nach dem ersten Termin am alten Arbeitsplatz und den Ergebnissen der Probeaufgaben bleibt die Unsicherheit, ob die Tätigkeit in der neuen IT-Abteilung tatsächlich eine realistische Perspektive für Herrn Stauss ist. In Kooperation mit dem Leistungsträger organisiert der Jobcoach eine individuelle Maßnahme in einem Berufsförderungswerk, das ein Gutachten über Herrn Stauss' fachliche Eignung als IT-Techniker erstellt. Das Ergebnis ist positiv.
Die gesammelten Informationen werden im Kopplungsfenster eingetragen, sortiert und Kopplungsmöglichkeiten analysiert (Abbildung 7):

Herr Stauss hat viele Fähigkeiten gezeigt, die vermuten lassen, dass er sich mit genügend Zeit und Unterstützung in die neuen IT-Aufgaben einarbeiten kann. Dieser Entwicklungsprozess muss zeitlich und inhaltlich für alle Beteiligten transparent gestaltet und nachvollziehbar sein. Es ist zu erwarten, dass seine Fähigkeiten, Interessen und Motivation Kräfte frei machen werden, um ein passendes Aufgabenprofil für ihn zu entwickeln und zu erproben. Dafür sind klare Strukturen und Abläufe für Herrn Stauss in der neuen Abteilung zu erarbeiten. Von zentraler Bedeutung ist, dass er in der neuen Abteilung einen Ansprechpartner findet, dem er vertraut und der ihn auf einfache und klare Weise bei der Einarbeitung unterstützt.
Ich nehme an, dass eine neue Abteilung, die der Überzeugung ist, dass »alle hier ihre Macken haben«, für Herrn Stauss mit seinen Besonderheiten als Asperger-Autist hilfreich sein kann. Dies könnte eine entscheidende Ressource darstellen.
Das Praktikum wird eine Art Schutzraum sein, in dem Herr Stauss die notwendige Zeit und den Raum zum Lernen haben wird. Gleichzeitig ist wahrscheinlich, dass die Einarbeitung länger als zehn Monate dauern wird. Schließlich ist für die Entwicklung des Aufgabenprofils noch nicht abzusehen, welche Tätigkeiten er übernehmen kann und wie aufwendig es für ihn

ABBILDUNG 7 Kopplungsfenster für das Beispiel IT

Was benötigt der Betrieb?

Unterstützung beim Umgang mit der Behinderung und ihren Auswirkungen

Muss wissen, wie Herr Stauss eingesetzt werden kann / sollte

Wollen wissen, was sie ihm zutrauen können

Einen Mitarbeiter, der u. a. einfache IT-Arbeiten ausführt, die Kollegen zu monoton sind

Was benötigt der Mitarbeiter?

Unterstützung bei der Einarbeitung in die IT-Abteilung

Klarheit und offene, ggf. aktive Ansprache der Kollegen

Klare Strukturen und Abläufe

Einen festen Ansprechpartner

Aufmerksames, geduldiges Zuhören

Toleranz gegenüber seiner äußeren Erscheinung

Voraussichtlich in einzelnen Bereichen mehr Zeit zum Lernen / zur Einarbeitung als üblich

Verständnis für nicht sichtbare Grenzen von Flexibilität und Leistungsfähigkeit

Was bietet der Betrieb?

Bereitschaft für eine Umsetzung und Personalentwicklung

Umsetzung auf Probe im Rahmen eines Praktikums

Abteilungsleiter hat Interesse an Autismus

Kreative Arbeitsatmosphäre

Gestaltungsmöglichkeiten bzgl. der zukünftigen Aufgaben

Selbstbild der Abteilung: »Wir haben hier doch alle unsere Macken«

Was bietet der Mitarbeiter?

Motivation sich beruflich zu verändern / sich weiter zu entwickeln

Interesse an IT, Vorfreude auf eine IT-Tätigkeit

Abgeschlossene Ausbildung zum Bürokaufmann (BBW), Note: gut

Englischkenntnisse (Grundkenntnisse)

Selbständigkeit (Planung und Durchführung von interkontinentalen Reisen)

Gute PC-Kenntnisse im privaten Bereich

Gute Leistungen bei der Probeaufgabe am PC

Positives Eignungsgutachten

Erfolge bei der Lösung von technischen Problemen in der Familie

sein wird, diese zu erlernen. Zudem beginnt Herr Stauss alle Tätigkeiten ohne Vorerfahrungen. Die hohe Attraktivität der Tätigkeiten wird jedoch das Lernen für ihn voraussichtlich erheblich erleichtern und trifft vermutlich ein Lieblingsthema von ihm, mit dem er sich anhaltend lange und gerne beschäftigt.

Mit diesen Hypothesen zu möglichen Kopplungen erscheint für mich ein Lern- und Entwicklungsprozess der Beteiligten möglich, um den Wechsel in die neue Abteilung zu unterstützen. Gleichzeitig bin ich mir bewusst, dass der noch nicht vorhandene Kontakt mit der neuen Abteilung ein Problem werden kann. Ein »Anpack« ist das systematische und praktische Erproben unterschiedlicher Tätigkeiten in der neuen Abteilung. Eine schrittweise Ausweitung des Aufgaben- und Anforderungsprofils wird Herrn Stauss nach meiner Einschätzung helfen, sich in dem neuen Aufgabenfeld zu entwickeln.

Schritt 3: Vereinbarung zum Jobcoaching

In diesem Fall wird aufgrund der geschilderten Besonderheiten die Vereinbarung der Ziele mit den Beteiligten einzeln abgestimmt. Eine gemeinsame Absprache hierzu wird beim ersten Termin am neuen Arbeitsplatz durchgeführt (→ »Selbstintegration beim Fallbeispiel IT«, S. 108). Vorab wird jedoch die folgende Planung mit den entsprechenden Besonderheiten beim Leistungsträger beantragt:

Zusammenfassung der Planung beim Fallbeispiel IT

Ziele im Jobcoaching (diese müssen noch im Detail mit der Abteilung abgestimmt werden):

- Die Abteilung entwickelt und erprobt ein für Herrn Stauss geeignetes Aufgabenprofil.
- Herr Stauss arbeitet sich in sein neues Aufgabenfeld ein, lernt Standards und festgelegte Abläufe.
- Die Kollegen und Vorgesetzten erhalten Informationen über die Auswirkungen der Behinderung auf den Arbeitsalltag und über Möglichkeiten zum konstruktiven Umgang damit.
- Die Kollegen und Vorgesetzten lernen die Auswirkungen der Behinderung von Herrn Stauss im Arbeitsalltag kennen und entwickeln Absprachen und Strategien für eine weitgehend störungsfreie Zusammenarbeit.

Dauer des Jobcoaching:	**Stundenumfang des Jobcoachings:**
10 Monate (Praktikumsdauer)	80 Stunden

(Fortsetzung auf Seite 140)

Lernen des Jobcoachs: Phase der Selbstintegration in den Betrieb

Wenn die Planungsphase abgeschlossen ist, beginnt der Jobcoach mit seiner Tätigkeit am Arbeitsplatz des Klienten. Der Begriff Selbstintegration ist dabei eigentlich ein Widerspruch in sich. Denn Integration ist ein wechselseitiger Vorgang, den man nicht einseitig herstellen oder erzwingen kann. Ein Jobcoach bemüht sich, die Arbeitswirklichkeit des Klienten, der Kollegen und Vorgesetzten zu verstehen und daran teilzuhaben, er ist jedoch darauf angewiesen, von diesen auch aufgenommen zu werden. Das bedeutet einen großen Vertrauensvorschuss gegenüber dem Jobcoach. Das Ankommen und Kennenlernen im Betrieb benötigt in der Regel ein bis zwei Wochen.
Für die Kollegen und Kolleginnen im Umfeld des behinderten Mitarbeiters ist die Arbeit des Jobcoachs eine Intervention. Ihre Reaktionen sind sehr unterschiedlich und reichen von der Hoffnung auf Problemlösung, eigener Unsicherheit, Angst vor Kontrolle, Neid auf die Aufmerksamkeit bis hin zur Solidarisierung mit dem behinderten Kollegen. Viele sind am Anfang einfach nur neugierig. Das ist für den Prozess hilfreich, weil dadurch ihre Aufmerksamkeit für Veränderungen erhöht wird.

Rollen- und Aufgabenklärung

Der Arbeitgeber verhält sich wie ein Gastgeber, der dem Jobcoach den Einstieg in den Betrieb möglichst einfach macht. Dazu gehören unter anderem Informationen zu notwendiger Arbeitskleidung, ein Spind und Umkleidemöglichkeiten, eine Parkkarte oder die Zugangsberechtigung zum Werkgelände, die Vorstellung gegenüber dem Vorgesetzten oder die Vermittlung eines Ansprechpartners.
Der Arbeitnehmer führt den Jobcoach in seine Arbeitsumgebung und seine Arbeit ein, zeigt ihm seine Aufgaben und berichtet von der Zu-

sammenarbeit mit Kollegen und Vorgesetzten. Eine zusätzliche Aufgabe für ihn ist die Vorstellung des Jobcoachs im Kollegenteam. Im optimalen Fall hat er sich eine Form der Vorstellung überlegt oder wird vom Jobcoach hierbei unterstützt. Dies kann beispielsweise einfach so erfolgen: »Das ist Frau ..., mein Coach am Arbeitsplatz für die nächsten sechs Monate.« Klarheit und Offenheit vermeiden Gerüchte und werden dem Arbeitnehmer in der Regel positiv zugerechnet.
Der Jobcoach befindet sich in der Selbstintegrationsphase in der Rolle des Lernenden. Er bemüht sich, Inhalte, Abläufe, Regeln und Beziehungen am Arbeitsplatz zu verstehen. Er beobachtet, fragt, hört zu und versucht dabei möglichst wenig bei der Arbeit zu stören. Am Ende sollte es ihm gelungen sein, eine gemeinsame Arbeitsbasis mit dem Klienten sowie einen tragfähigen Kontakt zu unmittelbaren Kollegen und Vorgesetzten aufgebaut zu haben. Zudem kennt der Jobcoach am Ende dieser Phase die Tätigkeiten und Abläufe, die Bedeutung und Rollen der handelnden Personen sowie die Regeln der Zusammenarbeit und Kommunikation. Seine Mitarbeit erleichtert ihm den Kontaktaufbau und ist gleichzeitig für ihn eine Art Selbsterfahrung. Es ist die intensivste Form der Auseinandersetzung mit der Arbeitswelt seines Klienten und den Anforderungen seiner sozialen Rolle. Die Fülle der Informationen und ihre Systematisierung helfen ihm, gezielte und passgenaue Interventionen vorzubereiten.

Methoden der Selbstintegration

Jeder Jobcoach hat seine individuellen Methoden, um im Betrieb anzukommen und akzeptiert zu werden. Branchenkenntnisse erleichtern die Kontaktaufnahme erheblich. Arbeitskleidung, die Teilnahme an Pausen und Gespräche »zwischen Tür und Angel« gehören zum Grundinventar. Er bleibt immer in der Rolle eines Coachs, macht aber durch seine Einordnung in die geltenden Regeln, durch seine Fragen und sein Verhalten deutlich, dass er die Menschen in ihrem Arbeitsalltag erreichen will. Bei der Gewinnung einer wertschätzenden Haltung hilft es, das Verhalten des Klienten und seiner Kollegen als die bisher bestmögliche Lösungsmöglichkeit zu sehen. Der größte Fehler des Jobcoachs wäre es, nicht vorhandene Kenntnisse vorzutäuschen, vorschnelle Lö-

sungen anzubieten oder sich durch Verbesserungsvorschläge unbeliebt zu machen. Fragen, die ernsthaftes Interesse zeigen, sind hilfreich, vorschnelle Antworten oder Meinungsäußerungen nicht.
Der Jobcoach muss sich von manchen ersten Reaktionen des Arbeitsumfelds nicht verunsichern lassen. In der Regel verlieren sie sich nach kurzer Zeit und was wichtig ist, kommt wieder. Das stärkste Zeichen, das er setzen kann, ist seine Bereitschaft zur Mitarbeit. Diese wird sich meistens auf einfache Tätigkeiten oder Handreichungen beschränken. Es hilft ihm auch selbst, wenn er etwas in der Hand hält und sich nützlich macht, um sich nicht als »hingestellt« zu empfinden. Spätestens, wenn der Jobcoach im Pausenraum einen Platz zugewiesen bekommt, seine Brotdose und Thermoskanne auspackt und sich an den Pausengesprächen beteiligen darf, ohne sich selbst dabei als störend zu erleben, ist er angekommen.

Probleme und Grenzen der Selbstintegration

Trotz seines Bemühens wird der Jobcoach nicht immer einen vertrauensvollen Kontakt zu allen Beteiligten bekommen. Dies ist auch nicht zwingend notwendig. Es werden immer nur Einzelne sein, zu denen er eine Beziehung aufbaut. Für einen erfolgreichen Verlauf ist ein vertrauensvoller Kontakt zur Klientin oder zum Klienten überraschenderweise noch nicht einmal unbedingt notwendig. Es gibt durchaus erfolgreich verlaufende Jobcoaching-Prozesse, in denen am Ende die Menschen im Arbeitsumfeld gelernt haben, mit den Besonderheiten und Eigenarten ihres Kollegen mit einer Behinderung umzugehen, ohne dass dieser viel dazu beigetragen hat oder beitragen konnte.
Bei der Selbstintegration erlebt der Jobcoach Spannungen im Betrieb »hautnah« und reagiert mit seinen persönlichen Werten und Gefühlen darauf. Das kann auch Ablehnung sein und sich auf jeden Beteiligten, den Betrieb oder auf die Tätigkeit beziehen. Die Arbeit in einem landwirtschaftlichen Betrieb oder der Controlling-Abteilung eines Konzerns beispielsweise liegt nicht jedem. Jeder Jobcoach sollte frühzeitig entscheiden, ob er in einer betrieblichen Situation tätig werden und den Auftrag annehmen kann.

Nicht selten erlebt der Jobcoach erstaunliche Unterschiede zwischen seinen Vorinformationen aus der Planungsphase und der Realität am Arbeitsplatz. Das ist insbesondere in größeren Unternehmen mit eigenständigen Abteilungen der Fall. Prinzipiell ändert sich sein Ansatz dadurch nicht. Er wird möglicherweise für die unmittelbare Arbeitsumgebung seines Klienten ein eigenes Kopplungsfenster erstellen, um die Ziele zu ergänzen und neue Verbindungsmöglichkeiten zu entdecken.

Selbstintegration beim Fallbeispiel Bäckerei

Zum vereinbarten Termin kommt der Jobcoach in die Bäckerei. Er meldet sich bei der Verwaltung und wird durch die Backstube in den Laden geführt, wo Frau Knoche und die Anleiterin Frau Osenberg ihn erwarten. Nach einer Begrüßung teilt er mit, dass er gerne hinter der Verkaufstheke mitarbeiten würde. Dafür muss er einen Kittel tragen, den Frau Osenberg ihm reicht.
Sobald der Laden öffnet, wird der Jobcoach von den Kunden als Bäckereiverkäufer wahrgenommen und angesprochen. An den ersten Tagen hilft er, wo es möglich ist, schneidet Brot, reicht Backwaren an und bedient nach Abstimmung mit Frau Osenberg auch mal die Kasse. Er nutzt diese Arbeiten nicht nur, um in die Arbeit hineinzufinden, sondern auch, um Informationen über die Anforderungen der einzelnen Tätigkeiten zu erhalten.
Beim Brotschneiden bittet er Frau Knoche, die Rollen zu tauschen und ihm zu erläutern, wie die Maschine bedient wird. Sie reagiert verdutzt, zeigt dann aber, wie das Brot richtig eingelegt wird, welche Tüten zu verwenden sind und wie man das geschnittene Brot ordentlich in eine Tüte packt.

Das ist alles gar nicht so einfach, wie man es als Kunde von der anderen Seite der Theke vermutet. Frau Knoche kann mir alles Notwendige zeigen und ist sehr geschickt dabei. Es freut sie, dass sie mir etwas beibringen kann. Das schafft Vertrauen und Nähe in unserer Arbeitsbeziehung.

Die Zusammenarbeit mit Frau Knoche ist seit dem ersten Betriebsbesuch sehr gut und der Jobcoach erfährt nebenbei, dass sie alle praktischen Aufgaben gut und geschickt erledigt.

Für Frau Knoche bin ich eine Autoritätsperson, vergleichbar mit ihrer Klassenlehrerin. Sie nimmt alles von mir sehr ernst und es ist für sie wichtig, was ich sage. Ich muss mich an diese Rolle gewöhnen, die für unsere Zusammenarbeit aber eher förderlich sein wird.

Die Kasse kann Frau Knoche noch nicht bedienen, insbesondere die Aufschriften auf den Tasten kann sie aufgrund ihrer Lese- und Rechtschreibschwäche nicht erfassen. Sie wagt sich deswegen ohne Aufforderung von Frau Osenberg nicht daran. Wenn über die Preise der Produkte gesprochen wird, kann Frau Knoche sich diese auch bei mehrfacher Wiederholung nicht merken.
Wiederholt sucht der Jobcoach das Gespräch mit Frau Osenberg. Er möchte von ihr erfahren, ob sie Dinge entdeckt hat, die Frau Knoche helfen können. Ernüchtert berichtet sie, dass sie schon vieles versucht habe, aber Frau Knoche sich die Namen von Brötchen, Brot und Kuchen und deren Preise nicht merken könne.

Frau Osenberg wirkt ratlos. Ich spüre gleichzeitig ihren Willen, Frau Knoche zu unterstützen. Ich habe die Vermutung, dass sie beim Einstieg in den Beruf ähnliche Probleme hatte und deswegen Verständnis dafür zeigt. Wenn es gelingt, Frau Osenberg zu zeigen, wie sie Frau Knoche fördern kann, wird sie dafür offen sein.

In jedem Fall wird Frau Knoche Zeit und Geduld benötigen. Die Zusammenarbeit zwischen Frau Osenberg und dem Jobcoach ist sehr gut und hilfreich für die weitere Arbeit.

(Fortsetzung Seite 123)

Selbstintegration beim Fallbeispiel Sekretariat

Wie vereinbart findet ein erster Termin mit dem Beratungsteam statt, bei dem der Jobcoach und seine Arbeit vorgestellt werden. Die Leiterin informiert darüber, dass er keine gutachterliche Aufgabe hat und nur für die Lösung der Probleme von Frau Falk da ist. Überraschenderweise fragt sie nach dem zuständigen Mitarbeiter des Leistungsträgers und der Art und Weise der Berichterstattung durch den Jobcoach. Frau

Falk macht einen sehr angespannten und kontrollierten Eindruck, hört sehr konzentriert zu, ohne sich jedoch mehr als notwendig am Gespräch zu beteiligen.

Die Runde ist sehr aufmerksam, aber auch misstrauisch. Es wird großen Wert darauf gelegt, jedes Detail präzise und klar abzusprechen. Die Teilnehmenden agieren sehr vorsichtig und sind stark verunsichert. Es scheint mir, sie wollen verhindern, dass die Zusammenarbeit mit mir eine Bedrohung werden kann.

Der Jobcoach beantwortet alle Fragen so präzise wie möglich. Die Vorstellung im Team wird mit einer Terminabsprache zum weiteren Vorgehen beendet, damit er die Arbeit im Sekretariat kennenlernen kann. Im Sekretariat bittet der Jobcoach Frau Falk, ihm zu zeigen, welche Aufgaben am Morgen zu erledigen sind. Vorwurfsvoll teilt sie mit, dass sie morgens immer das Faxgerät überprüfen und ggf. von »Kopie« auf »Fax« umstellen soll. »Das macht das Fax automatisch oder ich mache es, wenn ich eines versende. Umstellen ist eigentlich unnötig.«

Innerlich gebe ich ihr recht. Gleichzeitig denke ich, dass es Anweisungen gibt, denen man einfach folgen soll, um sich das Arbeitsleben einfacher zu machen. Ich bin mir noch nicht sicher, wie die Probleme zu bewerten sind.

Alle weiteren Arbeiten erzählt sie »theoretisch«, weil sie diese nicht ausführt. Sie werden im Einzelnen durchgegangen. Zurzeit übernimmt sie nur Aufgaben, die sie schriftlich von ihrer Vorgesetzten erhält. Eigene Verantwortung hat sie bei keiner einzigen Tätigkeit. Beim nächsten Betriebsbesuch schüttet Frau Falk dem Jobcoach erneut ihr Herz aus. Sie erzählt, dass sie zu Trainingszwecken stundenlang mit ihrer Vorgesetzten Telefonate geführt hat und diese auch auf Tonbändern festgehalten wurden.

Die Geschichten erschlagen mich, schon das Zuhören ist anstrengend. Gleichzeitig spüre ich, wie sich die Verzweiflung von Frau Falk auf mich überträgt. Ich lege Pausen ein, nutze dafür den angebotenen Kaffee, andere Unterbrechungen oder verlasse für wenige Minuten den Raum. Ich teile Frau Falk mit, dass ich ihre Geschichten sehr bedaure. Ich vermittle ihr auch, dass ich nur daran arbeiten kann, dass es zukünftig besser wird, und wie sie lernen kann, ihre Aufgaben zufriedenstellend zu bearbeiten. In keinem anderen Fall habe ich den enormen Nutzen des lösungsorientierten Ansatzes so erlebt wie in diesem.

Frau Falk ist herausgefordert, sich nicht mit alten, problematischen Geschichten zu beschäftigen, sondern nach praktischen Lösungen zu suchen. Weil sie sehr unter Spannung steht, macht ihr das große Mühe. Sie lässt sich darauf ein, beginnt aber immer wieder, ihre Geschichten zu erzählen, wie angespannt und verzweifelt sie war, bevor sie nicht mehr konnte und erkrankt ist. Dem Jobcoach geht es in dieser Phase darum, sie zu verstehen, mit ihr in Kontakt zu kommen und Vertrauen zu entwickeln. Er hat den Eindruck, dass sie sich in ihrer Not verstanden fühlt und ihre Arbeitssituation verzweifelt verbessern möchte.

Für mich ist das eine Geschichte des guten Willens und großen Scheiterns. Neben den Veränderungsmöglichkeiten wird mir ein großes Bedürfnis nach einem Neuanfang deutlich. Vor dem Hintergrund der langen Zeit der Arbeitsunfähigkeit fällt mir aber auch ihre enorme Kraft auf, mit der sie wieder zurück an den Arbeitsplatz gelangt ist. Davor habe ich großen Respekt.

Bei den ersten Terminen ist zu erkennen, dass Frau Falk bessere Leistungen zeigt, wenn sie (in diesem Fall durch den Jobcoach) Anerkennung für ihre Arbeit erfährt und erlebt, dass ihr jemand etwas zutraut.

Nach den ersten Terminen ist klar, dass eine vertrauensvolle und belastbare Arbeitsbeziehung mit den Beteiligten nur schrittweise möglich sein und vielleicht längere Zeit benötigen wird. Gleichzeitig habe ich den Eindruck, genügend Einblick erworben zu haben, um erste Arbeitsinhalte anzugehen.

(Fortsetzung Seite 132)

Selbstintegration beim Fallbeispiel IT

Vor dem ersten Termin spüre ich Sympathie für die IT-Branche und die Mitarbeiter. Ich entscheide mich für Jeans, Hemd und Jackett, wobei ich Letzteres nur über dem Arm mitnehme.

Den Standort des neuen Arbeitsplatzes von Herrn Stauss zu kennen gehört zum regionalen Allgemeinwissen: Bürogebäude und Produktionshallen an diesem Unternehmensstandort sind vom Autobahnzubringer gut zu sehen. Der Jobcoach bekommt vom Werkschutz ein Magnetkärtchen, das ihm den Zutritt ermöglicht und ihn damit als »dazugehörig« ausweist. Er wird vom Schwerbehindertenvertrauensmann abgeholt, zum Besprechungsraum in der IT-Abteilung gebracht und dort dem Abteilungsleiter, einer Mitarbeiterin aus der Personalabteilung und einem weiteren IT-Mitarbeiter, Herrn Winkelmann, vorgestellt. Er begrüßt Herrn Stauss, wird von allen sehr freundlich empfangen und zu Getränken und Keksen eingeladen.

Schon diese ersten Gesten und Details machen es mir leicht: Die offene und freundliche Unternehmenskultur erleichtert den Kontakt und schafft eine angenehme Atmosphäre. Die Magnetkarte ermöglicht es mir, mich fast wie ein Insider frei auf dem großen Areal zu bewegen.

Der Jobcoach stellt sich und seine Arbeit vor. Gemeinsam werden die Ziele aus der Planung abgestimmt und zwischen den Beteiligten vereinbart. Fragen an Herrn Stauss beantwortet dieser selbst, der Jobcoach ergänzt sie, wenn es notwendig ist. Ihm werden Zuständigkeiten, feste Termine, wichtige Örtlichkeiten, Parkmöglichkeiten, Kantinenöffnungszeiten und Ansprechpartner mitgeteilt.
Der Jobcoach skizziert das geplante Vorgehen und fragt den Abteilungsleiter und den IT-Mitarbeiter, was aus ihrer Sicht für seine Arbeit wichtig ist. Er informiert darüber, dass er selbst in die Abteilung hineinfinden muss und damit die nächsten zwei Wochen beschäftigt sein wird. Das Gespräch beendet er mit dem Vorschlag, gemeinsam mit Herrn Stauss an den Arbeitsplatz zu gehen. Den Weg nutzt der Jobcoach, um ihn zu fragen, wie die ersten beiden Tage waren. Er wirkt fast euphorisch und erzählt davon, dass er mit dem Kollegen eine neue Software installiert habe, und zeigt mir einen USB-Stick, auf dem er schon einige hilfreiche Tools erhalten habe, die er jetzt bei der Arbeit nutze.
Sein Arbeitsplatz ist an zentraler Stelle in einem Großraumbüro mit zwanzig Arbeitsplätzen. Der Jobcoach lässt sich erzählen, welche Aufgaben die Abteilung hat. Wichtig ist ein Ticket-System, in das konzerninterne Kunden Aufträge einstellen. Darauf greifen die Mitarbeitenden der Abteilung zu und erledigen jeweils einen der Arbeitsaufträge. Herr Stauss hat in den letzten Tagen Herrn Winkelmann bei der Arbeit begleitet, parallel die gleichen Tätigkeiten ausgeführt oder Teilaufgaben schon selbst übernommen.

Das Ankommen in der Abteilung wird mir sehr leicht gemacht, fast schon selbstverständlich ergeben sich Gespräche mit den drei Kollegen, deren Schreibtische an den von Herrn Stauss angrenzen. Ich bin deswegen sehr schnell in Kontakt mit den Mitarbeitern der Abteilung.

Die größere Herausforderung für den Jobcoach in dieser Phase ist der Beziehungsaufbau zu Herrn Stauss, was auch vor dem Hintergrund der Behinderung zu sehen ist. Alles, was mit PCs und IT zu tun hat, traut Herr Stauss sich zu. Er ist geradezu euphorisch, in der neuen Abteilung arbeiten zu können. Der Jobcoach nutzt die Möglichkeiten der Mitarbeit und bietet Herrn Winkelmann und Herrn Stauss immer wieder Hilfe an, soweit das bei einfachen Tätigkeiten möglich ist. Beim zweiten Betriebsbesuch bittet der Jobcoach Herrn Stauss, ihm seine Tätigkeit genau zu beschreiben. Dies scheint für ihn eine echte Herausforderung zu sein.
Der Jobcoach kann bei den ersten Kontakten eine gute Grundlage für die weitere Zusammenarbeit schaffen, auch wenn dabei nicht wie in anderen Fällen eine emotionale Arbeitsbeziehung entsteht. Der Austausch von Informationen über die Arbeit und Vereinbarungen zur Zusammenarbeit sind gut möglich, auch wenn der Jobcoach nicht immer sicher ist, ob die mit Herrn Stauss besprochenen Dinge der tatsächlichen Arbeitssituation entsprechen. In den nächsten Tagen fragt der Jobcoach immer wieder nach, womit Herr Stauss sich in der Zwischenzeit beschäftigt hat. Die Antworten sind in der Regel eine Aufzählung der durchgeführten Aufträge: PC-Installation, Arbeitsplatzumzug, neue Laptops eingerichtet und ausgeliefert. Die Termine sind von der Freude des Klienten über die neue Arbeit geprägt, und fast spürt man die Erleichterung der Kollegen und Vorgesetzten, dass die Integration von Herrn Stauss einfacher anläuft, als vermutet.

Das führt bei mir allerdings zu einem ambivalenten Gefühl. Einerseits erwarte ich einen längeren Lern- und Einarbeitungsprozess wegen der Besonderheiten in der Kommunikation, andererseits bin ich mir nicht sicher, ob ich nicht einen zu langen Integrationsprozess geplant habe und sich das Ganze doch als »Selbstläufer« entwickelt. Vielleicht hätte ich in der Planungsphase doch nicht auf einen Termin in der Abteilung verzichten sollen.

Der Jobcoach nutzt die in der Abteilung üblichen häufigen Kaffeepausen sowie das Mittagessen, um Kontakte zu den Kollegen und zu Herrn Stauss zu vertiefen, aber auch um Austausch und Kommunikation zwischen Herrn Stauss und seinen Kollegen mitzuerleben. Allein das Sitzen am »Abteilungsstammtisch« in der Kantine weckt das Interesse der Kollegen an Herrn Stauss und an der Arbeit seines Jobcoachs.

Realisieren von Lösungen: Phase der Intervention und Veränderung

Jede Intervention beim Jobcoaching zielt darauf ab, die Integration eines Menschen mit Behinderung im Betrieb zu verbessern. Damit dies möglich wird, erbringen die Beteiligten eine Veränderungsleistung: der Arbeitnehmer durch Erlernen der betrieblichen Anforderungen und Regeln und der Betrieb durch eine Anpassung dieser Anforderungen. In den meisten Fällen beteiligen sich beide Seiten jeweils mit ihren Möglichkeiten. Die Gestaltung dieses Veränderungsprozesses ist die originäre Aufgabe des Jobcoaches, seine Kernkompetenz. Ergänzend können externe Hilfen hinzukommen, die er im Bedarfsfall einleitet.

Rollen und Aufgabenklärung

Der Arbeitgeber: Jobcoaches sind auf klare Strukturen im Betrieb angewiesen. Welche Anforderungen werden gestellt? Wer ist weisungsbefugt? Woran wird Erfolg gemessen? Wer ist Ansprechpartner für verbindliche Absprachen? Diese Fragen kann nur der Arbeitgeber beantworten. Die Antworten betreffen nicht nur den behinderten Menschen selbst, sie sind auch für seine Kolleginnen und Kollegen sehr wichtig. Fehlt eine grundlegende Orientierung, weiß niemand, wonach er sich richten soll, auch der Jobcoach nicht. Sind die Grundlagen der Arbeit nicht eindeutig, bilden sich schnell diffuse Regeln, die von der Dynamik im Arbeitsumfeld bestimmt werden. An solchen unklaren oder wechselnden betrieblichen Strukturen und Regeln sind Jobcoaching-Prozesse schon gescheitert.

→ **Beispiel** Eine Gruppe von Reinigungskräften arbeitete selbstständig in mehreren Objekten. Die Vorgesetzte und offizielle Ansprechpartnerin des Jobcoachs hatte mehrere Gruppen zu leiten und war nur selten anwesend. Innerhalb der Gruppe entwickelten sich versteckte Regeln zur

Aufgabenverteilung und Schichteinteilung. Eine Kollegin mit Behinderung wurde mit immer wechselnden, von den anderen ungeliebten Arbeiten eingesetzt. Mit diesen Aufgaben war sie jedoch überfordert und es wurde ihr vorgeworfen, dass sie nicht ordentlich arbeiten würde. Die Vorgesetzte verließ sich auf die Informationen der Reinigungsgruppe. Der Jobcoach hatte trotz mehrfacher Bemühungen keinen Ansprechpartner, mit dem er eine Klärung hätte herbeiführen können. ×

Jeder Arbeitgeber passt in gewissem Rahmen die Arbeitsanforderungen und Stellenprofile den Fähigkeiten seiner Mitarbeiter an. Für das Jobcoaching kann es wichtig sein, den Spielraum im konkreten Fall zu erkunden. Kleine und mittlere Betriebe sind dabei häufig flexibler als Großunternehmen, da Arbeitsabläufe und -inhalte bei den Letzteren oft stärker formalisiert sind (→ »Der Betrieb als Arbeitsfeld des Jobcoachs«, S. 38).

Bei der Beschäftigung eines Mitarbeiters mit Behinderung kann es schwierig sein, dessen Fähigkeiten und Möglichkeiten angemessen einzuschätzen. Eine entscheidende Frage für den Vorgesetzten ist daher häufig: »Kann der Mitarbeiter nicht oder will er nicht?« Diese Frage wird durch die Transparenz des Lernprozesses in jedem Jobcoaching beantwortet. Insofern ist auch der Arbeitgeber ein Lernender und kann seine Erwartungen an die Arbeitsleistung des Menschen mit Behinderung entsprechend dessen Entwicklung anpassen und dies mit den Mitarbeitern kommunizieren.

Der Arbeitnehmer hat prinzipiell die Aufgaben zu erfüllen, die für seinen Arbeitsplatz mündlich, in einer Stellenbeschreibung oder einem Arbeitsvertrag vereinbart wurden. Beim Jobcoaching bekommt er Unterstützung, um diese zu erlernen. In der Praxis sind die Verhältnisse jedoch viel komplexer. Die Kollegen erbringen beispielsweise regelmäßig Mehrleistung. Muss der Arbeitnehmer mit Behinderung das auch? Eventuell kann die Arbeitnehmervertretung oder der Schwerbehindertenbeauftragte eine Klärung herbeiführen, auch um Unzufriedenheit der Kollegen zu begegnen.

Beim Jobcoaching hat der Arbeitnehmer jedoch weitere Aufgaben. Er hat zugesagt, gemeinsam mit dem Jobcoach an den vereinbarten Zielen zu arbeiten. Da der überwiegende Teil des Coachings unmittelbar am Arbeitsplatz stattfindet, bedeutet dies für den behinderten Arbeitnehmer, dass seine Defizite und Lernfortschritte je nach Gegebenheiten am

Arbeitsplatz teilweise öffentlich sind, seine Fehler ebenso wie seine Erfolge. Diese Transparenz und Öffentlichkeit sind eine Leistung, die von anderen Arbeitnehmern nicht erwartet wird, die jedoch der Schlüssel für seine Inklusion sein kann.

Der Jobcoach nimmt beim Übergang von der Selbstintegrations- zur Interventionsphase eine andere Rolle ein. In der ersten Zeit am Arbeitsplatz musste er sich orientieren und Kontakte knüpfen. Die Beteiligten gewöhnen sich häufig schnell an seine regelmäßige Anwesenheit und Unterstützung. Die Erwartung des Betriebs hinsichtlich einer Problemlösung wurde auf ihn übertragen, was die Situation häufig erst einmal stabilisiert. Das gilt auch für den Klienten. Die vertrauensvolle und wertschätzende Beziehung zum Jobcoach entspannt häufig auch ihn, fördert seine Mitarbeit und Leistung. Um seinen Auftrag erfüllen zu können, muss der Jobcoach beim Wechsel in die Interventionsphase vom Verstehen und Sichhineinfinden zur Veränderung der Arbeitssituation übergehen. Er gestaltet jetzt aktiv, setzt Impulse und nutzt seine Interventionsmöglichkeiten.

Die Bewertung von Arbeitsergebnissen gehört nicht zu den Aufgaben des Jobcoachs. Stattdessen sollte er die Beteiligten darin unterstützen, diese wesentliche Aufgabe eines jeden Arbeitsverhältnisses in geeigneter Form selbst zu übernehmen.

Wirkungen von Interventionen

Eine Intervention ist ein Veränderungsimpuls, der eine Bewegung des Systems in die gewünschte Richtung erzeugen soll. Alles, was ein Jobcoach im Betrieb tut oder nicht tut, kann eine Intervention sein. Was davon kann die Integration fördern? Was ist für die Beteiligten relevant? Was macht den entscheidenden Unterschied? Ist die Beschriftung einer Werkzeugkiste mit dem Namen des Klienten eine sinnvolle Intervention? Ein einfühlsames Zuhören? Je nach Situation können diese Handlungen hochwirksam, unwichtig oder sogar hinderlich sein.

Im systemischen Verständnis von Interventionen lassen sich ihre genauen Wirkungen nicht planen oder vorhersagen. Es gibt keine lineare Ursache-Wirkungs-Kette in Systemen. Jeder Mensch und jedes Teilsystem reagiert auf eine Intervention autonom und ist darüber hinaus mit komplexen, nicht vorhersehbaren Wechselwirkungen verbunden, da die Reaktionen der Umwelt wiederum wie Interventionen wirken (→ »Elemente aus systemtheoretischen Ansätzen«, S. 23). Es ist jedoch der Zweck einer Intervention, einem definierten Ziel näher zu kommen. Dies scheint nach diesen ersten Vorüberlegungen nicht planvoll und linear möglich zu sein.

Interventionen sind jedoch nicht beliebig. Damit sie überhaupt eine Wirkung erzielen, müssen sie die betroffenen Menschen erreichen. Das wurde für die Jobcoaching-Arbeit bereits bei der Zielfindung beachtet, indem die jeweiligen Bedürfnisse der Beteiligten erfasst und entsprechend berücksichtigt wurden. Dies gilt genauso für jede Intervention im laufenden Prozess.

Der Jobcoach bewegt sich mit seinen Interventionen zwischen zwei Polen: Einerseits wird er anregen, ermutigen oder sogar direktiv auffordern, Neues zu probieren oder Haltungen und Denkweisen infrage zu stellen; andererseits wird er immer die Selbstbestimmtheit seines Gegenübers respektieren. Dies kann nur durch eine enge Abstimmung und Interaktion als ein zielgerichteter Prozess gestaltet werden. Aufmerksam wird der Jobcoach die Reaktionen des oder der Beteiligten auf seine Intervention beobachten und im weiteren Vorgehen berücksichtigen. Dies wiederholt sich in der Regel mit den ersten Teilergebnissen der gemeinsamen Arbeit. Auch dabei werden Reaktionen aufmerksam wahrgenommen und ggf. Rückmeldungen eingeholt, um folgende Interventionen möglichst zielgerichtet zu gestalten. Aufgrund der zeitlich großen Präsenz im Betrieb kann der Jobcoach die einzelnen Interventionen und ihre Umsetzungsschritte exakt auf den Verlauf abstimmen. Er kann auf diese Weise einen Prozess »interaktiv gestalten« und hat gute Voraussetzungen, bereits laufende, gewünschte oder gemeinsam vereinbarte Entwicklungen des Systems aktiv zu fördern.

Bei einigen Prozessen gibt es plötzliche und unvorhersehbare Wendungen. Haltungen von Menschen verändern sich unerwartet, nicht vorhersehbare Entscheidungen werden gefällt, völlig neue Möglichkeiten entstehen. Diese Überraschungsmomente sind häufig die Wendungen im Prozess, sie stehen oft im Zusammenhang mit Krisen (→ »Krisen im Jobcoaching«, S. 161). Krisen erfordern im systemischen Verständnis Selbstorganisationsprozesse des Systems, die eigenständige und unplanbare Ergebnisse produzieren. Die Situation wurde vielleicht indirekt durch eine Intervention oder Entwicklung angestoßen, kann im Ergebnis aber völlig anders sein, als ursprünglich vom Jobcoach intendiert. Es ist seine Aufgabe, die entstehenden neuen Chancen zu erkennen, sie zu nutzen, auszubauen und zu stabilisieren. Das folgende Beispiel verdeutlicht dies:

→ Beispiel Eine Mitarbeiterin mit einer geistigen Behinderung wurde an ihrem Arbeitsplatz vom Jobcoach darin angeleitet, das Geschirr bei der Entnahme aus der Spülmaschine auf Sauberkeit zu prüfen. Dies war ein vereinbartes Ziel zwischen Arbeitnehmerin und Betrieb. In dem Arbeitsverhältnis gab es auch häufige und langjährig verhärtete Konflikte zwischen der Mitarbeiterin und einer Kollegin. Das war dem Jobcoach bekannt, er hatte sich jedoch entschieden, hier vorerst nicht einzugreifen, da er keinen geeigneten methodischen Ansatz sah. Beim nächsten Termin überraschte die Klientin den Jobcoach plötzlich mit der Frage, ob sie sich vielleicht mit ihrer Kollegin aussprechen sollte. Was sie dazu bewogen hat, blieb unklar. Gemeinsam konnten nun Möglichkeiten erarbeitet werden, welche Themen angesprochen werden sollten und auf welche Art und Weise dies geschehen könnte. Das Gespräch wurde zum Wendepunkt der Arbeitsbeziehung der beiden Kolleginnen und führte zu einer Entlastung der Klientin, was wiederum kontinuierlichere Arbeitsleistungen möglich machte. Es ist wahrscheinlich, dass diese Wendung ohne den Jobcoach nicht eingetreten wäre, gleichzeitig war diese Möglichkeit in der Planungsphase nicht erkennbar. ×

Solche Entwicklungen gibt es häufig, sowohl bei Klienten als auch aufseiten des Arbeitgebers. Aktuelle oder spontane Wendungen bieten dem Jobcoach oft die Möglichkeit, den Prozess noch einmal mit aktuellen Anliegen der Beteiligten zu verknüpfen und so ganz neue Schubkraft für eine Integrationslösung zu gewinnen.

Ob die systemeigenen Lösungen allerdings in der vom Jobcoach gewünschten Richtung ausfallen, ist nicht vorhersehbar oder beeinflussbar. Beispielsweise sind auch plötzliche Kündigungsentscheidungen im Rahmen einer Krise möglich, egal von welcher Seite. Die Richtung der Entscheidung wird vermutlich davon abhängen, ob das konkrete Arbeitsverhältnis von den Beteiligten prinzipiell als sinnvoll erlebt wird und ob die Unterstützungsangebote als hilfreich wahrgenommen werden. Letztlich bleiben Klient und Betrieb die Experten sowohl für ihre Probleme als auch für ihre Lösungen. Der Jobcoach kann nur dazu anregen, diese zu finden (→ »Elemente aus der lösungsorientierten Beratung«, S. 29). Oder anders ausgedrückt: Interventionen wirken in die gewünschte Richtung, wenn es eine gemeinsam gewünschte Richtung gibt.

Die Wahl der »richtigen« Intervention

Interventionen leiten sich normalerweise aus konkreten Anforderungen des betrieblichen Arbeitsalltags ab. Der Jobcoach hat oft die Möglichkeit, situativ zu arbeiten. Das macht seine Interventionen nachvollziehbar und erleichtert das praxisnahe Lernen. Häufig entdeckt er auch neue Zusammenhänge und sieht Lösungsansätze, die die Beteiligten im Alltag nicht sehen. Diese kann er anregen und damit Impulse für Veränderungen setzen. Das erfordert Sensibilität für die Situation, für den richtigen Zeitpunkt, die Form und den Ort. Wenn er dies berücksichtigt, können auch kleine Anregungen viel in Bewegung bringen.

→ **Beispiel** Eine psychisch kranke Mitarbeiterin in einer Verwaltung hat hohe Fehlzeiten. Dies wurde im Zusammenhang mit der allgemein hohen psychischen Belastung im Betrieb gesehen und daher als unabänderlich betrachtet. Man wollte von diesem Thema nichts mehr hören. Dem Jobcoach fiel auf, dass die Mitarbeiterin schwere Aktenstapel zu tragen hatte. Durch Ablagen in passender Höhe und Transportwagen für die Akten reduzierten sich ihre körperlichen Belastungen und die Fehlzeiten wurden geringer. Der Betrieb war dankbar, eine Unterstützungsmöglichkeit gefunden zu haben, die konkret umsetzbar war und nichts mit dem Thema »Psyche« zu tun hatte. Im weiteren Verlauf wurde die Mitarbeiterin vom Jobcoach ermutigt, ihre Ideen zu organisatorischen Veränderungen ihres Arbeitsplatzes weiterzuverfolgen. Sie lernte, kleine und umsetzbare Vorschläge auszuarbeiten und vorzutragen. Dies führte zu Änderungen in den Abläufen, die nicht nur für sie selbst, sondern auch für die Kolleginnen eine Entlastung bedeuteten. Die Situation der körperlichen Belastung war vorher nie hinterfragt worden, sie bestand nach Aussage des Arbeitgebers »schon ewig«. ×

In dem Beispiel ist eine Kopplung zwischen dem Bedarf der Klientin an körperlicher Entlastung und der Ressource des Betriebs in der Gestaltung des Arbeitsplatzes leicht erkennbar und es ergibt sich die geschilderte und recht einfache Interventionsmöglichkeit. Die Beteiligten hatten aufgrund einer gewissen »Betriebsblindheit« diese Möglichkeit nicht gesehen.

Die Suche nach einem geeigneten Veränderungsansatz und einer Interventionsmöglichkeit beginnt mit der Auswertung des Kopplungsfensters in der Planungsphase. Der Jobcoach wird in der Interventionsphase seine ursprünglichen Ideen überprüfen, ggf. neuen Erkenntnissen anpassen oder sich für einen anderen Ansatz entscheiden. Grundlage für die Auswahl einer Intervention sind immer die gemeinsam vereinbarten Ziele, die aus möglichen Kopplungen abgeleitet wurden. Der Jobcoach richtet seine Aufmerksamkeit auf die relevante Ressource und nutzt so die Stärken zur Erreichung des Ziels. Außerdem kann er selbst durch das Entwickeln geeigneter Hilfsmittel und Hinzuziehung externer Hilfen die Ressourcen erweitern.

Aufgrund der oben dargestellten komplexen Zusammenhänge in Systemen greifen schematische Darstellungen zur Auswahl einer zielführenden Intervention zu kurz und bilden nicht die Realität der Arbeit im Betrieb ab. Wir stellen sie trotzdem hier dar, um prinzipielle Handlungsmöglichkeiten übersichtlich zur Verfügung zu stellen und die Auswahl einer Intervention zu erleichtern. Zur Reduzierung der Komplexität sortieren wir die Vielzahl von Interventionen in sechs Bereiche. Für jeden Bereich listen wir einige Beispiele auf. Diese sind nicht als Anleitung zu verstehen, sondern sollen die Vielfalt verdeutlichen und zu eigenem methodischem Handeln und zur Nutzung der eigenen fachlichen Ressourcen anregen. Interventionsmöglichkeiten im Jobcoaching lassen sich in folgende Bereiche unterteilen:

A: Erweiterung von Kenntnissen und Fertigkeiten,
B: Erwerb von Schlüsselkompetenzen,
C: Lernen der Kollegen und/oder der Führungskraft,
D: Anpassung von Anforderungen,
E: Einsatz von Hilfsmitteln,
F: Einleitung externer Unterstützung.

Die einzelnen Bereiche werden unten mit Beispielen erläutert.

Wie die Abbildung 8 zeigt, entstehen Ziele aus Kopplungsideen. Daher hat jedes Ziel einen »Handelnden«, der das Ziel umsetzen soll, sowie einen »Empfänger«, der die Umsetzung wahrnehmen muss. Die »Handelnden« lassen sich in drei Personen bzw. Gruppen gliedern: der Mitarbeiter mit Behinderung selbst, der Betrieb und der Jobcoach. Jedem

ABBILDUNG 8 Der Weg vom Ziel zur Intervention

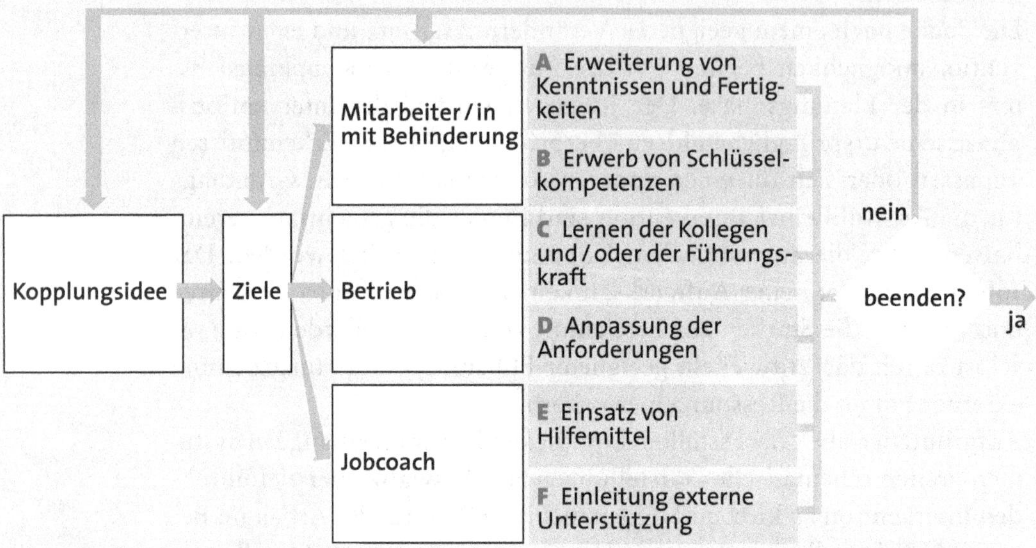

lassen sich die Interventionsbereiche von A bis F zuordnen. Die Grafik ist allerdings sehr verkürzt. Tatsächlich gibt es nicht einen »Handelnden«, sondern alle Interventionen finden in der Interaktion aller Beteiligten statt.

Am häufigsten wird beim Jobcoaching die direkte Unterweisung am Arbeitsplatz angewendet (Bereich A). Dies wird vor allem bei neuen Arbeitsverhältnissen der Fall sein oder wenn junge Menschen noch nicht über entsprechende Arbeitserfahrungen verfügen. Direkte Unterweisung ist häufig hilfreich. Dies ist jedoch nicht immer angemessen oder notwendig. Oftmals sind Impulse zum Nachdenken oder nur eine kurzzeitige, bedarfsgerechte Unterweisung am Arbeitsplatz wichtiger.

Eine geeignete Intervention findet man in dem Bereich, der der Anforderung des jeweiligen (Teil-)Ziels entspricht. Beispielsweise lässt sich eine Schlüsselkompetenz, etwa die Fähigkeit zu selbstständiger Entscheidung, nicht nur durch wiederholtes Vormachen und Nachmachen von Handlungen fördern (Bereich A), sondern benötigt auch Interventionen aus diesem Bereich (Bereich B).

In der Praxis ist manchmal zu beobachten, dass ein Jobcoach eine erste Idee sehr lange verfolgt und sich in eine bestimmte Interventionsidee »verliebt«, die in anderen Situationen geholfen hat. Es besteht die Gefahr, dass dies in eine Sackgasse führt. Jobcoaches müssen deshalb ihre Interventionen während des gesamten Prozesses immer wieder auf ihre konkrete Wirksamkeit überprüfen und flexibel anpassen (→ »Wirkungen von Interventionen«, S. 113, und → »Störungen im Prozess«, S. 157).

Der Jobcoach wird im Einzelfall abwägen, ob es sinnvoller ist, eine notwendige Unterstützung selbst zu leisten oder ob diese ganz oder teilweise vom Betrieb übernommen werden kann. Letzteres ist für den Integrationsprozess vorzuziehen, weil dies dem Alltag im Unternehmen entspricht, integrativer und dauerhafter wirkt. Je weiter der Integrationsprozess fortschreitet, umso eher wird das möglich sein. Eine Förderung betrieblicher Unterstützung (Bereich C) ist daher ein wichtiger Bereich der Arbeit des Jobcoachs.

Beispiele typischer Interventionen und Methoden

Für das Jobcoaching gibt es eine Vielzahl von Interventionen und (Lern-)Methoden. Der Kreativität sind keine Grenzen gesetzt und bei fast jedem Jobcoaching werden neue »erfunden«. Hier einige Beispiele:

A: Erweiterung von Kenntnissen und Fertigkeiten: Dieser Interventionsbereich kommt meist bei Anlerntätigkeiten, wie Reinigungs- und Helfertätigkeiten, einfachen Dienstleistungen oder bei Fachaufgaben auf Ausbildungsniveau, wie PC-Tätigkeiten, Büroorganisation, Maschinenbedienung, zur Anwendung. Je komplexer die Tätigkeiten sind, desto mehr Schlüsselkompetenzen (siehe dort) sind notwendig.

- Untergliederung einer Arbeitsaufgabe in Teilaufgaben (→ Fallbeispiel Bäckerei);
- schrittweise Anpassung der Anforderungen an den Lernerfolg (→ Fallbeispiel IT);
- Vier-Stufen-Methode: vormachen und erklären, nachmachen, kontrollieren und üben (→ Fallbeispiel Bäckerei);
- Einüben von regelmäßigen Kontrollschritten zur Fehlervermeidung (→ Fallbeispiel IT);
- Anleitung fachspezifischer Aufgabenbereiche, z. B. Telefontraining, Kassenbedienung, Gabelstaplertraining (→ Fallbeispiel Bäckerei).

B: Erwerb von Schlüsselkompetenzen: Hierzu gehören alle fachlich übergreifenden Kompetenzen wie Selbstorganisation, Arbeitsplanung, Kommunikation, Kontaktgestaltung, Selbststeuerung im Arbeits- und Sozialverhalten.

- Verwendung von systemischen und lösungsorientierten Fragetechniken, Metaphern oder anderer Analogien zur Anregung neuer Möglichkeiten des Denkens und Handelns (→ Arbeitshilfe 5: Systemische Fragen im Jobcoaching und → Fallbeispiel Sekretariat);
- Führung durch Leitfragen (Was wollen Sie können? Wie wollen Sie das lernen? Wer kann Ihnen dabei helfen?);
- Aufforderung zur selbstständigen Beschaffung von Informationen über Handbücher, Arbeitsanleitungen, Internetquellen u.a. sowie Planung, Durchführung und Auswertung einer Arbeitsaufgabe (→ Fallbeispiel Sekretariat);
- Probehandeln und Training von Verhalten im Rollenspiel, z.B. gegenüber Kunden oder Kollegen (→ vgl. »Elemente aus der kognitiven Verhaltenstherapie«, S. 36, und → Fallbeispiel Sekretariat);
- individuell angefertigte Bewertungsbögen mit konkreten Arbeitsaufgaben zur Selbst- und/oder Fremdeinschätzung;
- Diagramme über Erfolgsentwicklungen von Arbeitsergebnissen mit Bewertung durch den Vorgesetzten;
- Visualisierung des sozialen Systems (Team, Betrieb o.a.) mithilfe von Materialien oder Skizzen (Beziehungen, Arbeitsabläufe, Organisationsstruktur).

C: Lernen der Kollegen und/oder der Führungskraft: In diesem Bereich sind Interventionen oder Methoden zusammengefasst, die es Kolleginnen, Kollegen und Führungskräften erleichtern, persönliche Lernschritte zur Förderung der Integration des behinderten Arbeitnehmers zu vollziehen.

- Unterstützung bei der Identifikation behinderungsbedingt nicht leistbarer Einzeltätigkeiten und Anforderungen, gemeinsame Erarbeitung von Lösungen (→ Fallbeispiel IT);
- Hinweise zu einem der Behinderung angepassten Führungsverhalten (→ Fallbeispiel IT);
- Wahrnehmungslenkung auf positive Veränderungen durch Beobachtungshinweise (→ Fallbeispiel Sekretariat);

- Kommunikationshilfen, z.B. Missverständnisse aufklären, Kränkungen entschärfen, Moderation von Krisengesprächen (→ Fallbeispiel Sekretariat);
- Anleitung eines betrieblichen Ansprechpartners (Pate) (→ »Gewinnung, Aufgaben und Anleitung eines Paten«, S. 150, und → Fallbeispiel IT);
- Verwendung von systemischen und lösungsorientierten Fragetechniken, Metaphern oder anderer Analogien zur Anregung neuer Möglichkeiten des Denkens und Handelns (→ Arbeitshilfe 5, → »Schritt 1: Erfassung von Interessen, Zielen und Ressourcen«, S. 64, und → Fallbeispiel Sekretariat).

D: Anpassung von Anforderungen: Dieser Bereich beschreibt Möglichkeiten zur Anpassung des Arbeitsplatzes an die behinderungsbedingten Fähigkeiten und Ressourcen.

- Herausnahme einzelner Tätigkeiten und Anpassung von Arbeitsabläufen (→ Fallbeispiel Bäckerei);
- Ausweitung des Aufgabenbereichs um leistbare Tätigkeiten, z.B. durch Verwendung behinderungsgerechter Arbeitsgeräte (→ Fallbeispiel Bäckerei);
- Änderung von Arbeitszeit oder Pausenregelungen;
- Umsetzung des behinderten Arbeitnehmers an einen anderen Arbeitsplatz (→ Fallbeispiel Sekretariat);
- Schaffung eines neuen Arbeitsbereichs, z.B. durch finanzielle Förderung einer geeigneten Maschine;
- Änderung der Organisationsstruktur, z.B. durch die Einführung eines festen und weisungsbefugten Ansprechpartners.

E: Einsatz von Hilfsmitteln: Hilfsmittel können Arbeitsfähigkeiten erweitern oder kompensieren. Sie müssen während der Arbeit verwendet werden können und daher möglichst praktisch sein.

- Hilfen bei PC-Arbeiten: Formulare, Textbausteine, Automatisierung durch Makros, Planungs- und Kontrollfunktionen;
- Erinnerungshilfen: Notizbuch, Erinnerungsgegenstände, Handywecker, Warnlampen, PC-Software, Visualisierung von Arbeitsschritten und Abläufen (Fotos, Piktogramme u.a.) (→ Fallbeispiel Bäckerei);
- Strukturierung von Arbeitszeit: Wochenplan, Schichtplan, Tagesplan oder Pausentagebuch;

- Strukturierung von Aufgaben und Abläufen: Formulare für Telefonnotizen, Zuständigkeitslisten, Organigramme, Warenlaufzettel, Handy in Außenbereichen, Ablagefächer, Sortiermappen, farbige Putzlappen, Klebepunkte, Nummerierungen, Markierungsstreifen, Piktogramme (→ Fallbeispiel IT);
- Aufgabenkontrolle: Checklisten, Fotos von korrekten Arbeitsergebnissen (→ Fallbeispiel IT);
- Reflexionshilfen: Tagebücher, Kalender, Fragebogen, z.B. das »Sonnentagebuch: Was ist mir heute gut gelungen?«;
- Lernhilfen, z.B. Arbeitsbücher, Lernkarten (→ Fallbeispiel Bäckerei).

F: Einleitung externer Unterstützung: In diesem Bereich sind zusätzliche, externe Hilfen aufgeführt, die von Menschen mit Behinderungen und ihren Arbeitgebern genutzt werden können und vom Jobcoach bei Bedarf hinzugezogen werden (→ »Netzwerkarbeit«, S. 50).

- Familie, private Unterstützer (z.B. bei privaten Problemen oder für »Hausaufgaben«) (→ Fallbeispiele Bäckerei und IT);
- Kurse, Fortbildungen, Qualifizierungen, evtl. behinderungsspezifische Angebote, z.B. »kukuk plus« (www.hamburger-arbeitsassistenz.de), oder ein Gruppentraining sozialer Kompetenzen (→ Fallbeispiel IT);
- psychosoziale Begleitung durch einen Integrationsfachdienst (→ alle Fallbeispiele);
- medizinische und psychotherapeutische Hilfen (→ Fallbeispiel Sekretariat);
- rehabilitative Maßnahmen;
- finanzielle Unterstützungsleistungen für Betriebe (→ Fallbeispiel IT);
- Beratung bei der Einrichtung oder behinderungsgerechten Anpassung des Arbeitsplatzes;
- behinderungsspezifische Fachdienste zur Erweiterung der Kenntnisse des Jobcoachs in speziellen Fragen, z.B. bei Menschen mit Seh- oder Hörbehinderungen, mit psychischen oder neurologischen Erkrankungen;
- Informationen zum besonderen Kündigungsschutz für anerkannt schwerbehinderte Menschen;
- Hilfe bei der Akquise eines (anderen) behinderungsgerechten Arbeitsplatzes.

Für die meisten Ziele sind Interventionen aus unterschiedlichen Bereichen notwendig:

→ **Beispiel** Die Verwendung einer Checkliste für eine eigenständige Arbeitsausführung (Interventionsbereich E: Einsatz von Hilfsmitteln) erfordert vom Mitarbeiter die Bereitschaft, diese auch zu benutzen. Dies kann für ihn eine Auseinandersetzung mit seiner Behinderung bedeuten, wenn die Einsicht in die Notwendigkeit von Hilfsmitteln nicht besteht (Interventionsbereich B: Erwerb von Schlüsselkompetenzen). Möglicherweise muss der Gebrauch einer solchen Checkliste eingeübt werden (Interventionsbereich A: Erweiterung der Fertigkeiten). Außerdem sollten die Kollegen sich nicht über den Mitarbeiter mit Behinderung lustig machen, wenn dieser sie verwendet (Interventionsbereich C: Lernen der Kollegen). ×

Interventionen beim Fallbeispiel Bäckerei

Für Frau Knoche stellt sich die Frage, wie sie die Produkte, die Namen und Preise lernen kann. In der Bäckerei hängt eine Preisliste, die zum Teil handschriftlich korrigiert wurde und weitere Informationen enthält. Gemeinsam mit Frau Knoche entwickelt der Jobcoach die Idee, die Liste mit Fotografien der Backwaren zu erweitern, damit sie sofort die Produkte erkennt, sehen kann, wie sie heißen und was sie kosten. Gemeinsam entsteht auch die Idee, Summenpreise für ein, zwei und drei Stücke eines Produkts auszurechnen und in die Liste aufzunehmen. Sie freut sich über den Vorschlag, auch wenn sie sich das noch nicht konkret vorstellen kann. Gemeinsam wurden alle Produkte fotografiert und die Namen und Preise aufgeschrieben, darunter allein 25 Brötchensorten.

Sollten wir damit Erfolg haben, ist meine Hoffnung, dass wir Fotos und Listen auch zum Erlernen der anderen Produkte oder als Merkhilfe nutzen können.

Frau Knoche bemüht sich beim Lernen sehr und ihre enorme Motivation ist ihr anzumerken. Mit den Wiederholungen zeigen sich Fortschritte und sie beginnt, Spaß am Erfolg zu haben. Gemeinsam wird überlegt, wie sie über die zwei Treffen mit dem Jobcoach in der Woche hinaus lernen kann. Sie nimmt die Preislisten mit nach Hause und lässt sich von ihrer Mutter abfragen. Frau Osenberg äußert sich nach einiger Zeit begeistert über die Lernerfolge von Frau Knoche.

Es ist schön zu sehen, welche Motivation und Erfolge Frau Knoche entwickelt und erlangt. Es gibt aber immer noch grundlegende Dinge, an denen wir arbeiten müssen, insbesondere was den Umfang des Sortiments, die Vielfalt der Tätigkeiten und die Arbeit an der Kasse betrifft. Ein wichtiger Anfang ist gelungen, der Lernerfolg und die enorme Motivation lassen weitere Fortschritte erwarten. Der Spaß am Lernen scheint in der weiteren Arbeit mit Frau Knoche ein Erfolgsschlüssel zu sein.

Der Jobcoach entwickelt ein Quiz über Produktnamen und Preise, das fester Bestandteil der regelmäßigen Treffen wird. Jedes Mal wird Frau Knoche abgefragt und bekommt das Ergebnis bzw. den Lernerfolg sofort mitgeteilt. Sie beginnt Ehrgeiz zu zeigen, wird mit der Zeit sicherer und entwickelt Bewusstsein für ihre Kompetenzen.

Nach den ersten Wochen der Zusammenarbeit bemerke ich, dass Frau Knoche sich an die Zusammenarbeit mit mir gewöhnt hat und sich mit allen Anliegen an mich wendet. Ich werde stutzig, als Frau Osenberg sich dahingehend äußert, dass alles auch dann problemlos klappt, wenn der Jobcoach nicht da ist. Ich höre daraus ein wenig Neid, wie schnell Frau Knoche jetzt lernt, und Unsicherheit der Anleiterin in Bezug auf ihre eigene Rolle. Schließlich hat sich Frau Osenberg vorher sehr viel um Frau Knoche gekümmert und viel Zeit dafür investiert. Mir wird klar, dass ich mich zurücknehmen muss und die Arbeits- und Lernbeziehung zwischen Frau Osenberg und Frau Knoche mehr fördern muss und nutzen kann.

Bei den nächsten Betriebsbesuchen verweist der Jobcoach Frau Knoche mit ihren Fragen so weit wie möglich an Frau Osenberg. Ihr werden die Fragen nicht zu viel, sie wirkt zufriedener und die Zusammenarbeit entwickelte sich wieder positiv. Die Rollen aller Beteiligten sind wieder eindeutig: Frau Osenberg ist die fachliche Ausbilderin, Frau Knoche die Praktikantin und der Jobcoach unterstützt den Lernprozess auf beiden Seiten.

Für Frau Knoche ist es ein Glücksfall, dass Frau Osenberg gerne anleitet und sich für sie so engagiert, sie ist eine sehr hilfreiche Ressource des Lernprozesses.

Nach der Klärung der Rollen und Aufgaben und den Lernerfolgen im Umgang mit Zahlen wendet sich der Jobcoach dem Lernfeld »Bedienung der Kasse« zu. Auf dem Bedienfeld sind neben den üblichen

Ziffern auch Bezeichnungen, beispielsweise »Brot«, »Angebot Brötchen« oder »Summe«. Frau Knoche kann die Begriffe auf den Tasten nur sehr langsam lesen. In der Mittagszeit treffen sich der Jobcoach und sie, um die Bedienung der Kasse ohne die Anwesenheit von Kunden zu lernen. Die Preisliste wird neben der Kasse platziert und Bestellungen durchgespielt. Frau Knoche kann die Bezeichnungen auf der Liste mit den Bildern erfassen, die Preise entnehmen und in die Kasse eingeben. Nach weiteren Terminen versteht und lernt Frau Knoche die Tastenkombinationen, die sich im Arbeitsalltag ständig wiederholen.

Nach dieser Zeit des erfolgreichen Lernens findet ein Zwischengespräch mit Frau Knoche, dem Personalchef, der Kollegin des Integrationsfachdienstes und dem Jobcoach statt. Alle freuen sich über die Erfolge und die positive Entwicklung im Praktikum. Frau Knoche möchte gerne weiterlernen und der Betrieb äußert keine Wünsche an den Jobcoach, will aber den positiven Lernprozess weiterhin unterstützen. Nach diesem kurzen Zwischengespräch wird das Training wie geplant weitergeführt.

Auch wenn Frau Knoche noch keine Routine bei der Bedienung der Kasse entwickelt, ist es möglich, das Lernfeld auf den Zahlvorgang zu erweitern. In der Mittagszeit lässt sich der Jobcoach auf verschiedene Beträge Wechselgeld geben. Frau Knoche benötigt dafür erheblich länger als andere. Sie konzentriert sich enorm, während sie das an der Kasse angezeigte Wechselgeld zusammensucht. Selbst einfache Addition, wie das Wechselgeld von 0,99 auf einen Euro herauszugeben, bereitet ihr anfangs große Probleme.

Angesichts der langsamen, aber stetigen Lernfortschritte bin ich zuversichtlich, dass Frau Knoche mit Geduld und vielen Wiederholungen Weiteres erlernen kann und wird, wenn die Aufgaben häufig und wiederkehrend sind. Zudem entsteht angesichts der Motivation von Frau Knoche bei mir zunehmend ein sicheres Gefühl, dass sie sich weiterhin gut entwickelt.

Frau Knoche beginnt nach Absprache mit Frau Osenberg, in den Zeiten mit sehr wenigen Kunden im Laden diese allein zu bedienen und anschließend auch zu kassieren. Mit Frau Osenberg ist abgesprochen, dass sie sich zurückhält und nur bei Bedarf Tipps gibt. Das Kassieren übernimmt sie nur, wenn ein Kunde die Geduld verliert. Frau Osenberg hat sichtlich Spaß daran, Frau Knoche zu unterstützen, sie zu fordern und ihr »zu beweisen«, dass sie das Kassieren lernen kann.

Die gute Zusammenarbeit zwischen Frau Osenberg und Frau Knoche zeigt mir, dass das Kassieren nur genügend oft wiederholt werden muss, damit sie Routine entwickelt. Der gemeinsame Spaß am Lernen und an jedem kleinen Erfolg gibt dem weiteren Prozess erfreulichen Schwung und Dynamik.

Frau Knoche lernt relativ schnell, das Wechselgeld korrekt herauszugeben. Das Lesen der Preise hat sich stark verbessert, ist aber noch nicht flüssig. Häufig macht sie nach dem Komma eine längere Pause, bevor sie den Cent-Betrag nennt. Ihre Leistungen schwanken und sind abhängig von ihrer »Tagesform«. Manchmal ist sie unkonzentriert oder unsicher. An solchen Tagen fragt Frau Knoche deutlich häufiger bei ihrer Anleiterin nach und benötigt mehr Hilfe und Unterstützung.

Je mehr Sicherheit und Routine Frau Knoche entwickelt, umso besser werden ihre Leistungen. Wenn sie jedoch stärker mit dem Lernen von Neuem beschäftigt ist, zeigt sie Unsicherheit und muss häufiger nachfragen. Wiederholungen, Wiederholungen und noch mal Wiederholungen sind notwendig, damit sie lernt, die Kasse routiniert zu bedienen. Ich stelle mir die Frage, was in der verbleibenden Zeit des Praktikums noch passieren kann und muss, damit die Chancen auf eine Übernahme verbessert werden. Schnell fällt mir dazu das noch nicht gelernte Brotsortiment ein.

Daher wird im nächsten Teil das Lernprogramm auf das reichhaltige Brotsortiment erweitert, bei dem es unterschiedliche Sorten und Gewichtskategorien gibt (500, 750 und 1000 Gramm). Als Methode werden wieder Fotos von den Waren und die entsprechenden Preise genutzt. Frau Knoche lernt weiter motiviert auch das Brotsortiment. Zudem hilft ihr wieder ihre Mutter zu Hause beim Lernen.
Inzwischen ist die vereinbarte Zeit für das Praktikum fast zu Ende. Das Reflexionsgespräch zum Abschluss des Jobcoachings sowie die Klärung der Perspektive nach dem Praktikum stehen an. Kurz vorher erfährt der Jobcoach, dass der Personalleiter längerfristig erkrankt ist und plötzlich ein Generationswechsel bei der Unternehmensleitung bevorsteht. Das Geschäft übernimmt der Sohn, der schon einige Jahre im Unternehmen tätig ist.

Diese Veränderungen überraschen mich und auch die Kollegin aus dem Integrationsfachdienst. Ich ärgere mich über die Ungewissheit im Betrieb und hoffe, dass sich daraus keine Nachteile für die berufliche Perspektive von

Frau Knoche ergeben. Auch über den Ausfall des Personalleiters bin ich nicht erfreut, weil er eine langfristige Beschäftigung für sie erwogen hat. Mit dem neuen Chef hatte ich bisher nicht viel zu tun. Ich bin mir nicht sicher, ob und wie weit er über Frau Knoche und meine Arbeit mit ihr informiert ist.

Frau Knoche berichtet, dass von der Schule ein Probewohnen zum selbstständigen Wohnen für sie geplant ist. Sie soll außerdem an einem Kochtraining und einer Ferienfreizeit mit der Schulklasse teilnehmen und ein weiteres Praktikum in einer Werkstatt für Menschen mit Behinderungen absolvieren. Das schulbegleitende Praktikum in der Bäckerei kann deswegen aus Sicht der Schule nicht mehr weitergeführt werden.

Ich frage mich, weshalb Frau Knoche ein Praktikum in der Werkstatt für Menschen mit Behinderungen machen soll. Sieht die Schule ihre positive Entwicklung in der Bäckerei nicht? Das muss dringend gemeinsam mit der Kollegin vom IFD und den Lehrerinnen besprochen und abgestimmt werden.

Mit der IFD-Mitarbeiterin bespricht der Jobcoach, wie für Frau Knoche die Perspektive der sozialversicherungspflichtigen Beschäftigung in der Bäckerei am besten weiterverfolgt werden kann. Sie vereinbaren ein Gespräch mit der Schule. Darin wird festgelegt, dass aufgrund der weitreichenden Selbstständigkeit von Frau Knoche im häuslichen Bereich das Probewohnen auf wenige Tage reduziert wird. Das Praktikum in der Werkstatt für behinderte Menschen soll nach Rücksprache mit der Schulleitung nur kurz sein und in Teilzeit erfolgen, um die Werkstatt (»als übliche Alternative« aus Sicht der Schule) kennenzulernen.

Die Entscheidung der Schule für ein zusätzliches Praktikum in einer Werkstatt ist für mich nicht nachvollziehbar. Selbst wenn Frau Knoche bei diesem Arbeitgeber keine Beschäftigung findet, sind ihre Motivation und Fähigkeiten groß genug, um auf dem allgemeinen Arbeitsmarkt eine berufliche Perspektive zu entwickeln. Ich muss für mich klären, wie ich mit meinem Ärger über die Schule umgehe. Uns bleibt wohl nichts anderes übrig, als das Praktikum in der Bäckerei parallel zu dem in der WfbM weiterzuführen. Die Fortführung des Praktikums in der Bäckerei ist auf jeden Fall notwendig, um eine Festanstellung weiterzuverfolgen. Ich hoffe, dass Frau Knoche die Mehrfachbelastungen in den nächsten Wochen schafft.

Vor dem Reflexionsgespräch sucht der Jobcoach gemeinsam mit der Kollegin vom Integrationsfachdienst das Gespräch mit dem Juniorchef der Bäckereikette. Die aktuelle Situation wird dargestellt und von den Erfolgen Frau Knoches und dem herausragenden Engagement von Frau Osenberg berichtet. Aufgrund der guten Prognose für den weiteren Lernprozess wird offensiv nach einer Beschäftigungsperspektive gefragt und sich auf die positive Aussage des Personalleiters bezogen. Der Juniorchef zeigt sich über die bisherige Leistung von Frau Knoche weder informiert noch begeistert und äußert sich nur sehr vage zu ihrer Perspektive in der Bäckereikette.

Nach dem Gespräch bin ich enttäuscht, weil die Beschäftigungsperspektive für Frau Knoche wieder völlig offen ist. Die betrieblichen Veränderungen sind ärgerlich, aber nicht zu ändern. Sinnvoll erscheint es, als Erstes eine Verlängerung des Praktikums zu erreichen.

Frau Knoche muss noch die Preise und Namen der anderen Produkte, die saisonalen Angebote sowie deren Preise lernen. Auch bei den Kundenkontakten, die über Floskeln beim Verkauf hinausgehen, steht noch das eine oder andere aus. Sie muss beispielsweise noch lernen, das Wechselgeld im Verkaufsgespräch zu benennen oder den Kunden die Zutaten der verschiedenen Brote bei Bedarf zu erklären. Dazu ist eine Verlängerung des Praktikums und des Jobcoachings notwendig.

Bei mir entsteht der Eindruck, dass es beim Personalbedarf des Betriebes keine Veränderungen gibt. Die zurückhaltende Äußerung des Juniorchefs ist vielleicht mehr seinen eigenen Unsicherheiten aufgrund seiner neuen betrieblichen Situation geschuldet.

Die unklare Beschäftigungsperspektive und die eigene Einschätzung dazu werden mit der Mitarbeiterin des Integrationsfachdienstes und dem Sachbearbeiter des zuständigen Leistungsträgers besprochen und erörtert. Mit einer positiven Rückmeldung zur Verlängerung des Jobcoachings geht es in das nächste Reflexionsgespräch. Im Gespräch mit Frau Knoche, dem in der Zwischenzeit genesenen Personalleiter, der Kollegin aus dem Integrationsfachdienst und dem Jobcoach wird der Verlauf des Praktikums reflektiert und die erreichten Ergebnisse werden gewürdigt. Es wird deutlich, dass mehr Zeit notwendig ist, um die Anforderungen der Bäckerei erfüllen zu können. Die Möglichkeit einer Verlängerung des Jobcoachings bei realistischer Perspektive einer Übernahme in ein Arbeitsverhältnis wird besprochen.

Der Personalleiter regt eine Anstellung von Frau Knoche erneut an. Aus seiner Sicht gibt es in den nächsten Monaten in einer Bäckereifiliale, die gerade zu einem Café umgebaut wird, Personalbedarf. Hier sollen dauerhaft drei Bäckereiverkäuferinnen arbeiten und neben dem Verkauf auch den Service im Café übernehmen. Vorbehaltlich der weiteren Entwicklung scheint die Arbeit in der neuen Filiale für Frau Knoche eine realistische Perspektive zu sein. Die Fortführung des Praktikums wird vereinbart und der Arbeitgeber ist bereit, die Arbeitszeiten an die schulischen Erfordernisse anzupassen. Auch Frau Knoche ist zeitlich flexibel und freut sich auf die Fortführung des Praktikums.

Die Rückkehr des Personalleiters und die Tatsache, dass der Juniorchef die Beschäftigungsfrage nicht mehr so negativ zu sehen scheint, überraschen mich positiv. Ich bin erleichtert. Die Verlängerung des Praktikums und die Übernahmeperspektive strukturieren den weiteren Lernprozess.

Der Leistungsträger genehmigt weitere siebzig Stunden Jobcoaching. Dazu gehört auch das Wegetraining zum neuen Arbeitsplatz, an dem das Praktikum nach einigen Wochen fortgesetzt werden soll. Die neuen vereinbarten Ziele sind: Förderung des selbstständigen Verkaufens in der Bäckerei, Kennen des Warensortiments mit Preisen, Einarbeitung in das Kassieren mittels bebilderter Arbeitshilfen, der Umgang mit der Kundschaft sowie die eigenständige Fahrt mit öffentlichen Verkehrsmitteln zur Arbeit und wieder nach Hause. Mit der Schule wird vereinbart, dass ein Teil des Praktikums in den Vormittagsstunden stattfinden soll. Am Nachmittag muss Frau Knoche zum Praktikum in die WfbM. In der Praktikumszeit hat ihre Klasse keinen Unterricht. Während des Probewohnens können die Arbeitszeiten von Frau Knoche so angepasst werden, dass das Praktikum in der Bäckerei trotz der Bedenken der Schule weitergeführt werden kann.

Ich freue mich, dass Frau Knoche an ihrer Beschäftigungsperspektive in der Bäckerei intensiv arbeitet und sich weiterhin dafür sehr engagiert.

Für den Lernprozess mit den Zeitungen, Süßwaren und Lebensmitteln werden Bilder aus dem Internet genutzt. Die Liste mit den Bäckereiwaren wird erweitert und übersichtlich dargestellt. Die Farbe der Verpackungen kann von Frau Knoche als »Eselsbrücke« benutzt werden. Frau Osenberg ist bereit, Frau Knoche weiterhin zu unterstützen.
Die Bedienung des Konvektomaten zum Backen der Brötchen im Laden

übernimmt Frau Knoche bisher nur ungern. Das liegt daran, dass sie genau auf die Zeit achten und dem Ofen zur richtigen Zeit Dampf zugeben muss. Wenn dabei ein Fehler gemacht wird (was in der Vergangenheit geschehen ist), kann es passieren, dass sechzig Brötchen verdorben sind und weggeschmissen werden müssen.

Das Backen der Brötchen gehört zu den regelmäßigen Tätigkeiten in jeder Bäckereifiliale, daher sollte Frau Knoche dies lernen. Als Einstieg werde ich Frau Osenberg um eine Einführung für Frau Knoche und mich bitten.

In der Mittagspause erläutert Frau Osenberg die Einstellungen des Ofens, der Uhren und wie die Dampfzufuhr geregelt wird. Es gelingt ihr, Frau Knoche Mut zu machen und zu zeigen, wie man insbesondere mithilfe der Alarmfunktion der Uhr auf alles achten kann, auch wenn der Laden voller Kunden ist.
Mit dem Wechsel des Praktikums auf den Vormittag ist auch ein Wechsel der Mitarbeiterinnen in der Bäckerei verbunden. Die Kolleginnen vom Vormittag kennen Frau Knoche aus der Anfangszeit des Praktikums, als sie sich überfordert gefühlt hat. Diese negativen Erfahrungen lösen bei Frau Knoche neue Befürchtungen aus, ob sie alles schaffen wird.

Frau Knoche steht jetzt vor einer ernsthaften Herausforderung. Gemeinsam mit Frau Osenberg ermutige ich sie, die Veränderung als Chance zu sehen, um ihr neues Wissen selbstständig anzuwenden. Wir zeigen ihre persönlichen Entwicklungen und die vielen positiven Veränderungen der letzten Monate auf. Gleichzeitig fiebern wir mit ihr ein wenig mit und sind guter Hoffnung, dass sie an dem neuen Praktikumsplatz zeigen kann, was sie gelernt hat.

Der Jobcoach sucht den Kontakt zu den Kolleginnen, mit denen Frau Knoche am Vormittag arbeiten wird. Er stellt sich und seine Arbeit vor, fragt nach Unterschieden zur Arbeit am Nachmittag und verschafft sich so ein Bild darüber, was Frau Knoche erwartet. Wesentlich ist, dass am Vormittag deutlich mehr Kunden zu bedienen sind und alle drei Mitarbeiterinnen eingespannt sind. Die Rücksichtnahme auf die Situation von Frau Knoche ist auch hier gegeben, allerdings nicht so fürsorglich wie durch Frau Osenberg.
Nach anfänglichen Unsicherheiten und kleineren Schwierigkeiten gelingt es Frau Knoche, ihr Können und Wissen auch am Vormittag gut

umzusetzen. Sie erhält positive Rückmeldungen von den Mitarbeiterinnen, die ihre enorme Entwicklung registrieren und würdigen. Sobald das Praktikum in der WfbM vereinbarungsgemäß endet, wechselt Frau Knoche wieder auf die vereinbarte Praktikumstätigkeit am Nachmittag.
Die Frequenz des Jobcoachings wurde in den letzten Wochen bereits reduziert und kann nun weiter reduziert werden. Für dieses Praktikum sind alle Ziele weitgehend erreicht. Frau Knoche wartet darauf, dass die neue Filiale umgebaut ist und sie dort ein neues Praktikum beginnen kann oder sogar fest angestellt wird.
Vorab ist ein Wegetraining notwendig, damit Frau Knoche mit öffentlichen Verkehrsmitteln zur Arbeit und wieder nach Hause fahren kann. Es beginnt mit einer gemeinsamen Recherche nach den Verkehrsverbindungen, im Anschluss wird eine Wegeliste mit Bildern von markanten Stellen des Arbeitswegs erstellt. Ihre Mutter äußert allerdings Bedenken, durch welche gefährlichen Gegenden ihre Tochter fahren müsse und ob das von ihr nicht zu viel verlangt sei.

Ich nehme die Ängste der Mutter ernst, betone jedoch gleichzeitig die Notwendigkeit, dass Frau Knoche selbstständig den Weg zu ihrem zukünftigen Arbeitsplatz absolviert. Außerdem mache ich deutlich, dass ich es ihr zutraue. Da es für den Notfall ein Handy gibt und die Mutter ihre Tochter nicht das ganze Leben lang zur Arbeit begleiten kann, darf Frau Knoche üben, mit öffentlichen Verkehrsmitteln zu fahren.

Beim Jobcoaching gibt es eine Pause, in der das Praktikum von Frau Knoche jedoch weitergeführt wird. In dieser Zeit beendet sie die Schule. Ihre Perspektive ist immer noch nicht klar und sie möchte wissen, ob sie in der neuen Bäckereifiliale anfangen kann.

Den Beteiligten ist hoch anzurechnen, dass sie mit der ungewissen Zukunft so lange ergebnisoffen umgehen können; ich hoffe in dieser Zeit, dass sich das Warten für Frau Knoche lohnt.

Die Mitarbeiterin des Integrationsfachdienstes bittet den Juniorchef um einen Termin, um über die weitere Perspektive von Frau Knoche zu sprechen. Im Gespräch bietet der Juniorchef Frau Knoche eine unbefristete Anstellung an. Sie soll in sechs Wochen mit 32 Stunden pro Woche in der neuen Filiale beginnen und erhält ein angemessenes Gehalt. Vorab gibt es für das Team und Frau Knoche eine Einführung in die neuen Tätigkeiten der Bäckerei und des Cafés. Frau Knoche ist aufgeregt und der Jobcoach nimmt nach Absprache auch an der Einführung teil. Die wichtigste Veränderung für Frau Knoche ist das Frühstücksangebot, das mit Fotos, Namen und Preisen in einer neuen Lernliste für sie dargestellt wird. Der Umfang ist allerdings überschaubar, wenngleich jedes Angebot viele einzelne Bestandteile hat (Brötchen, Butter, Aufschnitt, Marmelade, Eier, Saft u. a.).

Frau Knoche beginnt die Arbeit in der neuen Filiale. Bezeichnungen und Preise von Produkten hat sie nun schon oft gelernt und die neue Liste bereitet ihr keine Probleme. Sie arbeitet damit eigenständig und übt mit ihrer Mutter erfolgreich zu Hause weiter. Eine betriebsinterne Fortbildung zur Erstellung von Wraps ist für sie ein Höhepunkt. Mit großem Feingefühl erstellt sie diese und hat die besten Ergebnisse unter den Kolleginnen.

Abschließend sucht der Jobcoach den Kontakt zu den neuen Kolleginnen, um mit ihnen über die Zusammenarbeit mit Frau Knoche zu sprechen. Sie können mit den Besonderheiten der Listen gut leben und die gemeinsame Arbeit in der Filiale macht allen großen Spaß.

Der Arbeitsvertrag fördert die Motivation von Frau Knoche und setzt Energie für die eigenständige Einarbeitung am neuen Arbeitsplatz frei. Zudem freut sie sich, so schnell nach der Schule eigenes Geld zu verdienen. Einen weiteren Bedarf an Jobcoaching gibt es kaum noch und es können Stabilisierung und Abschied geplant werden.

(Fortsetzung Seite 152)

Interventionen beim Fallbeispiel Sekretariat

Die morgendliche Routinearbeit erledigt Frau Falk schon nach den ersten Betriebsbesuchen weitgehend eigenständig Die vereinbarten monatlichen Dokumentationstätigkeiten müssen aus betrieblichen Gründen vorerst zurückgestellt werden. So rückt als aktuelles Ziel die Annahme von Telefonaten in den Vordergrund.

Mit den beteiligten Personen muss vereinbart werden, in welchen Schritten Frau Falk das Führen der Telefonate erlernen und übernehmen kann. Leitfrage für mich ist, wie Klarheit und Sicherheit für alle Beteiligten geschaffen werden kann und alte Verhaltensweisen und Verletzungen möglichst nicht wiederholt werden.

Der Jobcoach fragt Frau Falk, wie sie sich am sichersten fühlen würde, wenn sie telefoniert. Dabei entsteht die Idee eines neuen Anmeldebogens in Form einer Checkliste. Dieser dient bei den Telefongesprächen für Neuanmeldungen sowohl als Gesprächsstruktur als auch zur Dokumentation der Informationen und Kontaktdaten. Der neue Bogen wird inhaltlich mit Frau Mix abgestimmt, die wenige Ergänzungen wünscht. Mit ihr wurde auch vereinbart, dass im Rollenspiel die Annahme von Telefonaten geübt wird. Wenn dies erfolgreich gelungen ist, sollen Telefonate während des Jobcoachings durch Frau Falk angenommen werden. Später soll sie dies nach Rücksprache mit Frau Mix auch außerhalb des Jobcoachings tun. Mit diesem Vorgehen sind alle einverstanden.

Für dieses Ziel im Jobcoaching scheint ein sich langsam steigerndes und auf Erfolgserlebnissen aufbauendes Vorgehen die richtige Wahl zu sein. So wird die Gefahr verringert, dass sich Befürchtungen aufgrund der Misserfolge in der Vergangenheit bestätigen. Gelingt es, andere Erfahrungen zu machen – so meine Hoffnung –, wird die bisherige Dynamik gestoppt und es beginnt bestenfalls eine positive Entwicklung, in der Frau Falk bei dem Erlernen der eigenständigen und sicheren Ausübung der Telefonate unterstützt wird.

Frau Falk möchte alles richtig machen und hat große Angst vor Fehlern. Frau Mix hat in der Vergangenheit Formulierungen für Telefonate für Frau Falk niedergeschrieben, die von ihr verwendet werden sollten. Das führte dazu, dass Frau Falk sich absichern wollte und genau nachfragte, wie sie »richtig« telefoniert. Sie fühlt sich nun verpflichtet, genau diese Formulierungen wieder zu benutzen.

Vorher ausformulierte Sätze lassen sich beim Telefonieren nur schwer verwenden und verhindern die notwendige Flexibilität während eines Gesprächs. Problematischer ist jedoch, dass dies erheblich das Selbstwertgefühl von Frau Falk beeinträchtigt hat.

Frau Falk hat das Gefühl, mit festen Gesprächsvorgaben »wie ein Kind« behandelt zu werden, und fühlt sich in ihrer Kompetenz nicht gewürdigt. Im Ergebnis kam es in der Vergangenheit immer wieder zu Enttäuschungen, Verletzungen und Misserfolgen. Ähnliche Dynamiken sind bei fast jeder Art der Zusammenarbeit zwischen Frau Falk und Frau Mix festzustellen. Es wird eine vierwöchige Erprobungsphase für die telefonischen Neuanmeldungen vereinbart.

Wegen der großen Unsicherheit von Frau Falk vermeide ich es, in der direkten Zusammenarbeit ihre Ergebnisse zu früh zu bewerten und Verbesserungsvorschläge zu machen. Sie wird ihre Zeit benötigen, um eigene Formulierungen und Vorgehensweisen bei den Telefonaten zu entwickeln und damit Sicherheit zu gewinnen. Es ist grundlegend, dass sie Zeit und Raum bekommt, um sich zu erproben und angstfrei zu telefonieren.

Dabei wird mit den Beteiligten abgesprochen, dass vorerst noch keine (vor allem keine negativen) Bewertungen der Telefonate erfolgen sollen. Nur wenige Tage später bittet Frau Mix jedoch Frau Falk, alle Telefonate ab sofort allein anzunehmen. Frau Falk ist verärgert, verwirrt, verunsichert und überfordert, weil dies der gemeinsamen Vereinbarung widerspricht und sie nicht die notwendige Zeit für die Einarbeitung hatte.

Für mich ist nicht nachvollziehbar, warum Frau Falk wochenlang gar nicht telefonieren darf und dann plötzlich von heute auf morgen ohne vorheriges Training dies entgegen den Vereinbarungen übernehmen soll. Ich erlebe, wie widersprüchlich Frau Mix mit Vereinbarungen umgeht. Ich muss darauf bestehen, dass sie eingehalten oder neue gemeinsam abgesprochen werden. Frau Falk benötigt Sicherheit, um Veränderungen zu erproben.

Gemeinsam werden mit Frau Mix die Vereinbarungen besprochen, sie zieht ihren Auftrag zurück und erklärt beschwichtigend, dass die Idee aus einer aktuellen Not heraus entstanden war. So werden die alten Vereinbarungen wieder gültig.
In einem geschützten Rahmen kann Frau Falk mit Rollenspielen nun (endlich) das Telefonieren erproben. Sie verwendet den neuen Anmeldebogen und setzt sich inhaltlich damit auseinander. Nach mehreren Telefonaten wird kurz reflektiert. Anfangs geht es nur darum, was ihr gelungen ist, später auch um konkrete Punkte, die sie bei den nächsten Telefonaten verbessern kann. Bereits nach zwei Terminen mit Rollenspielen fühlt sie sich sicher. Mit Frau Mix wird abgestimmt, dass Frau Falk Anmeldegespräche während des Jobcoachings annehmen darf. Frau Falk entwickelt in den nächsten Tagen und Wochen bei diesen realen Telefonaten Sicherheit und übernimmt in der Folge nach erneuter Absprache mit Frau Mix auch Gespräche außerhalb des Jobcoachings. Nach acht Wochen gehören die telefonische Annahme von Anmeldungen und deren Nachbearbeitung sowie auch andere Telefonate wieder zur alltäglichen Arbeit von Frau Falk.

Wiederholt beklagt sie sich allerdings darüber, dass die Arbeitsanweisungen ihrer Chefin nicht eindeutig seien, in Protokollen von Sitzungen und Besprechungen Vereinbarungen anders dargestellt würden, als sie mit ihr getroffen worden seien, oder ihre Chefin Arbeitsanweisungen immer wieder ändere. Letztlich sei sie am Ende immer an allem schuld.

Verunsichert, wie ich damit umgehen kann, stelle ich den Fall bei einer kollegialen Fallbesprechung vor. Von den Kollegen erhalte ich neue Sichtweisen und Impulse, insbesondere hilft es mir, Abstand zu gewinnen und einen neuen Blick auf diesen Fall und meine methodischen Möglichkeiten zu gewinnen. Die Dynamiken der wiederholt erzählten Geschichten und Frau Falks enormer Ehrgeiz, beweisen zu müssen, dass »die anderen zwar schuld sind, ihr diese Schuld aber immer wieder zuschieben«, erscheinen auch den Kolleginnen und Kollegen in dieser Arbeitssituation kaum veränderbar. Durch ihre Fragen wird meine Aufmerksamkeit aber auf die parallel verlaufende Psychotherapie gelenkt. Es stellt sich die Frage, ob Frau Falk vielleicht die oben geschilderte Dynamik mit ihrer Psychotherapeutin besprechen kann und will. Einen Impuls dazu werde ich Frau Falk bei nächster Gelegenheit geben. Mir ist zudem deutlich geworden, dass die Erzählungen mich dazu einladen, Vorgesetzte und Kollegen als »Schuldige« zu sehen; dieser Dynamik kann und will ich nicht folgen und teile dies bei nächster Gelegenheit auch Frau Falk mit.

Der Jobcoach begegnet daraufhin den »alten Geschichten« von Frau Falk mit Abgrenzung. Gleichzeitig teilt er ihr mit, dass er nicht der Richtige sei, um mit ihrer Vorgesetzten zu streiten, wer recht hat. Er weist darauf hin, dass er gemeinsam konkrete Lösungen für den Arbeitsalltag entwickeln kann. So entsteht erneut Klarheit und Transparenz über seine Rolle und Aufgabe, zudem werden die vereinbarten Ziele wieder ins Bewusstsein gerufen.

Ich nutze im weiteren Verlauf die Supervision, um solche Konfliktsituationen zu reflektieren und meine Handlungsmöglichkeiten zu klären. Mir wird dabei u.a. bewusst, dass Frau Falk sehr gut mit Bildern und Metaphern erreichbar ist. Mir kommt die Idee, dass zudem Humor ihr selbst und der Arbeitssituation guttun könnte. Deswegen rate ich ihr, sich das Pinguin-Prinzip von Eckart von Hirschhausen im Internet anzuschauen (www.youtube.com/watch?v=Az7lJfNiSAs).

Beim nächsten Besuch kommt sie im Watschelgang eines Pinguins auf mich zu und lacht laut. Die vielen kleinen Schritte, die ein Pinguin gehen muss, bis er in seinem Element ist, wurden eine große Motivation für sie, weiter an Veränderungen zu arbeiten und zu schauen, welche zu ihr passen. Seitdem hat sie eine Postkarte mit einem Pinguin auf ihrer Schreibtischunterlage.

In einem Reflexionsgespräch mit Frau Falk wird deutlich, dass die Klärung und Reflexion der beruflichen Situationen für sie den wahrgenommenen Stress reduziert. Auch Frau Mix berichtet, dass sie Frau Falk nach den Jobcoaching-Terminen »entspannter und klarer« wahrnimmt. Gemeinsam mit Frau Falk überlegt der Jobcoach, ob es nicht auch andere Personen gibt, denen sie von ihrem Ärger bei der Arbeit erzählen kann, um »Dampf abzulassen«. Neben ihrer Psychotherapeutin gibt es eine Freundin in ihrer Kirchengemeinde. Der Jobcoach ermutigt sie, diese Möglichkeiten zu nutzen und so ihren Stress zu reduzieren.

Völlig überraschend kündigt eine Sekretärin. Ob die Stelle neu besetzt wird, ist offen. Gleichzeitig beginnt eine bereits vereinbarte vierwöchige Pause beim Jobcoaching zur Verselbstständigung der bisher übernommenen Tätigkeiten.

Die Kündigung lässt Veränderungen auch der Arbeit von Frau Falk erwarten und ermöglicht neue Chancen für Veränderungen am Arbeitsplatz. Es wird neu darüber entschieden, wie die Aufgaben der Sekretärinnen verteilt werden. Kurz vor dem ersten Zwischengespräch und der anschließenden Pause beim Jobcoaching stelle ich mir daher folgende Fragen: Welche Gestaltungsmöglichkeiten für die Arbeitssituation von Frau Falk werden durch die Kündigung möglich? Könnte sich dadurch das Verhältnis zwischen Frau Falk und ihrer Vorgesetzten entspannen?

Für das erste Zwischengespräch kündigt Frau Mix im Vorfeld an, dass sie nur eine Stunde Zeit habe. Es erscheinen der Personalleiter, Frau Mix, die Kollegin aus dem Integrationsfachdienst, ein Vertreter des Betriebsrats des Trägervereins, Frau Falk und der Jobcoach. Zu Beginn des Gesprächs eröffnet Frau Mix, dass sie in zwanzig Minuten einen Folgetermin habe.

Ich bin so überrascht, dass ich nicht adäquat reagieren kann. Im Nachhinein ärgere ich mich darüber, mein Missfallen nicht artikuliert und zumindest einen neuen Termin vereinbart zu haben.

Ein Zwischengespräch mit dem Ziel, den bisherigen Verlauf gemeinsam zu reflektieren und das weitere Vorgehen gemeinsam abzustimmen, kann unter diesen Bedingungen nicht durchgeführt werden. Stattdessen stellt Frau Mix kurz ihre Sicht der Entwicklung dar. Sie ist sichtlich bemüht, von positiven Entwicklungen in der Zusammenarbeit zu berichten und gleichzeitig weiterhin bestehende Probleme erneut zu unterstreichen. Dann verlässt sie den Raum. Das weitere Gespräch verläuft sehr angespannt. Frau Falk hat ihre Reflexion der bisherigen Zusammenarbeit und der Entwicklungen am Arbeitsplatz schriftlich vorbereitet und liest sie den verbliebenen Personen vor. Trotz der Widersprüche in den unterschiedlichen Schilderungen können erste positive Änderungen von allen Beteiligten wahrgenommen werden. Frau Falk fühlt sich jedoch durch das vorzeitige Verlassen der Gesprächsrunde von Frau Mix missachtet. Als sie hört, dass der Jobcoach von der zeitlichen Begrenzung gewusst hat, beklagt sie sich heftig und stellt die weitere Zusammenarbeit infrage.

Frau Falk hat wohl den Eindruck, dass ich mich auf die Seite ihrer Chefin geschlagen habe. Das wirkt auf mich zwar kindisch, jedoch sehe ich die Notwendigkeit, meinen Arbeitsauftrag und meine Rolle noch einmal zu klären.

Der Jobcoach erläutert Frau Falk, dass mit diesem Verhalten von Frau Mix nicht zu rechnen war, eine Begrenzung des Gesprächs auf eine Stunde (und nicht auf zwanzig Minuten) erschien allerdings sinnvoll. Frau Falk stehe es selbstverständlich frei, Konsequenzen daraus zu ziehen, selbst eine Beendigung der Zusammenarbeit sei denkbar. Es sei aber wichtig, von ihr zu erfahren, ob sie das Jobcoaching fortsetzen möchte. Das Angebot bestehe weiter, wobei der Jobcoach keine Fehlerlosigkeit versprechen könne. Frau Falk teilt mit, dass sie darüber nachdenken werde. Am nächsten Tag ruft sie den Jobcoach an und sie vereinbaren einen Termin. Es wird vereinbart, das Reflexionsgespräch nachzuholen. Dazu wird per E-Mail mit Angabe der Dauer und einer Tagesordnung eingeladen. Beim ersten Gespräch war dies nur mündlich erfolgt.

Noch bin ich etwas ratlos, wie das Beschäftigungsverhältnis nach Abschluss des Jobcoachings weiterhin stabil bleiben kann. Diese Frage lässt mich nicht los, als ich mich bei Frau Falk in die vereinbarte Trainingspause verabschiede.

Nach der Trainingspause ist die vakante Stelle im Sekretariat besetzt. Die neue Kollegin macht einen freundlichen Eindruck und zeigt sich gegenüber Frau Falk sehr kollegial. Auf Anhieb verstehen sich die beiden sehr gut. Die neue Mitarbeiterin wirkt entspannend auf die Beziehung zwischen Frau Mix und Frau Falk. Zu ihrer Überraschung soll Frau Falk die neue Kollegin in einige Tätigkeiten des Sekretariats einarbeiten.

Ich freue mich, dass Arbeiten, die Frau Falk vor wenigen Wochen nicht machen durfte, jetzt wie selbstverständlich durch sie an die neue Kollegin vermittelt werden sollen. Ich traue das Frau Falk auch zu.

Bei der Neustrukturierung des Sekretariats an den drei Standorten stellt sich die Frage, wo Frau Falk am sinnvollsten eingesetzt werden könnte. An einem anderen Standort zu arbeiten, hätte für sie den Vorteil, nicht mehr so eng mit ihrer Vorgesetzten zusammenarbeiten zu müssen. Andererseits arbeitet an dem alternativen Standort eine Beraterin, mit der Frau Falk in der Vergangenheit Probleme und Konflikte hatte. Die fachlichen Anforderungen sind dort zwar geringer, aber Frau Falk erwartet zwischenmenschliche Probleme, mit denen sie aktiv umgehen müsste. Sie zeigt sich ratlos, welche der Alternativen für sie besser ist.
Unabhängig davon teilt Frau Mix mit, dass sie Frau Falk gerne an dem anderen Standort einsetzen möchte. Die Personalabteilung und die Geschäftsführung überlassen die Entscheidung jedoch überraschenderweise Frau Falk und übergehen dabei Frau Mix als Vorgesetzte. Frau Mix bittet den Jobcoach, Frau Falk bei der Entscheidung für den von ihr ausgesuchten Arbeitsplatz zu unterstützen.

In der Aussage von Frau Mix nehme ich den Auftrag wahr, Frau Falk im Sinne ihrer Entscheidung zu manipulieren. Das ist für mich nicht annehmbar. Bevor mich Frau Mix für ihre Ziele einspannt, muss ich mit ihr und Frau Falk ein Gespräch führen, um die Zusammenarbeit und das weitere Vorgehen transparent zu vereinbaren.

Der Jobcoach führt jeweils mit Frau Falk und Frau Mix vorab zwei Einzelgespräche und teilt mit, dass er mit beiden gemeinsam über den Weg zu einer Entscheidung über den richtigen Aufgabenbereich für Frau Falk sprechen möchte. Beide willigen ein und es wird ein gemeinsamer Termin verabredet.

Mein vorbereitendes Resümee: Ein übersichtlicher Aufgabenbereich an einem anderen Standort würde Frau Falk und ihren Fähigkeiten sehr entgegenkommen, vielleicht auch Entspannung in der Zusammenarbeit bringen. Neben üblichen Sekretariatsarbeiten würde die Leistungsdokumentation am PC den Fähigkeiten von Frau Falk entsprechen. Bedenken für die Zusammenarbeit an den anderen Standorten hören sich nachvollziehbar und plausibel an. Keine einfache Entscheidung.

Im gemeinsamen Gespräch wird festgehalten, dass die Entscheidung möglichst bald getroffen werden soll. Auf Anregung des Jobcoachs wird vereinbart, dass Frau Falk den Arbeitsplatz an dem anderen Standort für drei Monate befristet erproben wird und im Anschluss ihre Entscheidung trifft. Dies macht es notwendig, Ziele und Inhalte des Jobcoaching neu zu planen und eine Verlängerung zu beantragen. Um alle Verantwortlichen am weiteren Prozess zu beteiligen werden auch der Personalchef, die IFD-Mitarbeiterin und der Betriebsrat einbezogen.
Der Jobcoach beantragt beim Leistungsträger eine Verlängerung, um die Umsetzung von Frau Falk über den bisher vereinbarten Rahmen hinaus zu begleiten. (Eine Verlängerung war ja nach der Planung bereits in den Blick genommen worden.)

Die vereinbarten Ziele wurden bisher weitgehend erreicht. Die Kommunikation zwischen der Vorgesetzten und ihrer Mitarbeiterin ist jedoch weiterhin schwierig, beide sind mit den Ergebnissen diesbezüglich nicht wirklich zufrieden. Ich bin der Überzeugung, dass ich die vereinbarten Ziele im Rahmen meiner Möglichkeiten bearbeitet habe. Die hartnäckigen zwischenmenschlichen Probleme haben sich jedoch tatsächlich nicht geändert. Grenzen meiner Arbeit als Jobcoach werden hier spürbar.
Von meiner Seite bereits am Anfang auf einer Bearbeitung dieser Thematik zu bestehen hätte jedoch vermutlich keinen Erfolg gehabt sondern Widerstand geweckt und vielleicht sogar den Lern- und Veränderungsprozess der Beteiligten komplett verhindert. Außerdem gab es weder zu Beginn noch im Verlauf eine entsprechende Anfrage der Beteiligten. Sonst hätte ich ein entsprechendes Angebot machen können, wie beispielsweise regelmäßige Besprechungstermine mit festgelegtem Ablauf gemeinsam mit der Vorgesetzten und dem Sekretariat und anfangs unter meiner Leitung.
Eine weitere Alternative wäre gewesen, den Auftrag bereits zu Beginn aufgrund der zwischenmenschlichen Probleme abzulehnen. Damit wären aller-

dings auch die am Ende realisierten Veränderungen nicht möglich gewesen. Mir ist selbst unklar, warum ich nicht mit den erreichten Zielen zufrieden bin. Es war nie etwas anderes vereinbart und ich habe nie mehr versprochen. Ich muss jetzt aufpassen, dass ich meine Unzufriedenheit mit den Grenzen der Veränderbarkeit der Situation soweit zurückstelle, dass mir die Chancen am neuen Arbeitsplatz nicht aus dem Blick geraten. Denn die will ich entdecken!

(Fortsetzung Seite 153)

Interventionen beim Fallbeispiel IT

Mit Herrn Winkelmann und Herrn Stauss werden die nächsten Betriebsbesuche vereinbart, anfangs zwei Termine pro Woche. Herr Stauss soll seine Arbeiten gemeinsam mit dem Jobcoach oder wenn möglich eigenständig durchführen. Die Auswahl der Arbeiten erfolgt in Absprache zwischen ihm und Herrn Winkelmann, der fester Ansprechpartner ist. Der Einstieg ist relativ einfach, da Herr Stauss sehr schnell eigenständig Aufgaben übernimmt, auch wenn er Herrn Winkelmann begleitet. »Automatisch« entwickelt sich eine gute Beziehung zwischen den beiden. Herr Stauss bekommt zunehmend Spaß daran, allein Aufgaben zu erledigen. Sein Engagement und die guten Arbeitsergebnisse sorgen dafür, dass Herr Winkelmann ihm mehr und mehr zutraut.

Nach vier Wochen habe ich den Eindruck, nicht mehr gebraucht zu werden. Seine Aufgaben kann Herr Stauss weitgehend selbstständig erledigen und wenn nötig, bekommt er Unterstützung durch Herrn Winkelmann.

Zwei Wochen später jedoch treten Fehler bei der PC-Installation und der Bearbeitung von IT-Aufträgen auf. Bisher hatte Herr Stauss damit keine Probleme. Er selbst kann sich die Fehler nicht erklären. Gemeinsam wird nach den Gründen gesucht. In Gesprächen und Beobachtungen wird deutlich, dass er sich sehr komplizierte und ambitionierte Aufgaben aus dem Ticket-Pool sucht, die nach der Einschätzung von Herrn Winkelmann »eine Nummer zu groß für ihn sind«. Bekannte und routinierte Aufgaben verlieren für Herrn Stauss ihren Reiz und seine Aufmerksamkeit lässt dabei nach, so suchte er sich immer wieder schwierigere und interessantere Aufgaben aus.

Mir stellt sich die Frage, wie Herr Stauss lernen kann, sich und seine Fähigkeiten besser einzuschätzen.

Um Fehler zu vermeiden, schlägt der Jobcoach in einem Gespräch mit Herrn Winkelmann die Verwendung einer Checkliste vor. Damit kann die Ausführung aller notwendigen Teilschritte einer Routineaufgabe kontrolliert werden. Herr Winkelmann berichtet, dass auch in anderen Bereichen Checklisten verwendet werden und diese auch für andere Mitarbeiter und Praktikanten sinnvoll sind.
Mit Herrn Stauss wird beim nächsten Betriebsbesuch eine Checkliste für die Installation einer Software entwickelt. Dabei wird deutlich, dass das Vorgehen bei Notebooks und Desktops unterschiedlich ist und zwei unterschiedliche Betriebssysteme verwendet werden. Der von Herrn Stauss und dem Jobcoach erarbeitete erste Entwurf wird von Herrn Winkelmann überprüft und ergänzt. Herr Stauss übernimmt die Ergänzungen und es wird vereinbart, dass er nur noch Aufträge übernimmt, die mit der Checkliste zu bearbeiten sind.
Bei den nächsten Betriebsbesuchen wird die Checkliste praktisch erprobt. Herr Stauss muss immer wieder daran erinnert werden, sie zu verwenden. Die Checkliste ermöglicht es ihm, weitgehend eigenständig zu arbeiten und Fehler selbst zu finden. Das ist für ihn auch angenehmer, als wenn seine Kollegen die Fehlersuche übernehmen. Zehn Tage später berichtet er, dass er die Checkliste gerne und regelmäßig nutzt. Herr Winkelmann ist durch die Checkliste entlastet und kann sich wieder auf die Arbeitsergebnisse von Herrn Stauss verlassen.
Nach diesem Erfolg werden auch für die anderen Arbeitsbereiche Checklisten erarbeitet und von ihm verwendet. Dabei wird deutlich, dass viele seiner Tätigkeiten präzise in einzelne Arbeitsschritte zerlegbar und mithilfe einer weiteren Checkliste überprüfbar sind. Das gilt allerdings nicht immer. Bei der Verkabelung von PC-Arbeitsplätzen beispielsweise ist zu beachten, dass die Büros alle anders aussehen und Steckverbindungen unterschiedlich zu erreichen sind. Außerdem sind die Vorstellungen der Mitarbeiter sehr unterschiedlich, obwohl es einheitliche Vorschriften für die Arbeitsplätze im Haus gibt. Herr Stauss wird durch die Unterschiede an den Schreibtischarbeitsplätzen seiner Kunden verunsichert.

Ich habe den Eindruck, dass alle Beteiligten vorerst mit dieser Unsicherheit leben können und kein akuter Handlungsbedarf besteht. Zudem ist auch nicht klar, auf welche Weise Herr Stauss dabei Unterstützung durch das Jobcoaching erfahren könnte.

Die Situationen, in denen Herr Stauss seine Kunden antrifft, sind sehr unterschiedlich: Manche sind beschäftigt, andere wollen in die Pause gehen, telefonieren gerade, benötigen dringend ihren PC, haben eine Besprechung oder stehen unter Zeitdruck. Herrn Stauss fällt der Umgang damit sowie die Erfassung und Einordnung von sozialen Situationen sehr schwer. Er nimmt bei seiner Arbeit kaum Rücksicht darauf und arbeitet seine Aufträge mehr oder weniger einheitlich ab.

Ein Grund dafür scheint zu sein, dass er sich wegen seines Autismus nur schwer in die Sichtweisen und Perspektiven anderer einfühlen kann. In jedem Fall ist an den Reaktionen seiner Kunden zu beobachten, dass diese nicht immer zufrieden mit der Gestaltung der Dienstleistungsbeziehung sind, gleichzeitig aber das Gefühl haben, rücksichtsvoll sein zu müssen.

Hinzu kommt, dass Herr Stauss sein Äußeres vernachlässigt. Er ist häufig unpassend gekleidet, manchmal ist seine Kleidung nicht sauber und seine Brille passt nicht zu einem IT-Fachmann und müsste auch häufiger geputzt werden. Weil er beim Rasieren Stellen vergisst, wirkt er ungepflegt. Angesichts der »Kleidungskultur« in dem Unternehmen ist seine Erscheinung nicht hilfreich für seine Anerkennung und Integration.
Der Jobcoach bespricht mit Herrn Stauss, wie er sein Äußeres wahrnimmt. Dieser reagiert überrascht, aber sachlich. Er berichtet, dass er zu Hause schlechtes Licht im Badezimmer habe und der Spiegel sehr tief hänge. Befragt nach anderen Lichtquellen fällt ihm nicht ein, welche er im Bad nutzen könnte. Herr Stauss erzählt, dass er zugenommen habe und für die neue Konfektionsgröße nur sehr wenig passende Kleidung habe. Im Gespräch mit der Schwerbehindertenvertrauensperson erfährt der Jobcoach, dass die Mutter von Herrn Stauss zudem schwer erkrankt ist und daher in der Familie zusätzliche Probleme bestehen.

Hausbesuche sind beim Jobcoaching eher unüblich. Weil das Verhalten am Arbeitsplatz durch Veränderungen im privaten und häuslichen Bereich beeinflusst werden kann, vereinbare ich dennoch einen Besuch bei ihm zu Hause. Vielleicht können die Eltern ihn unterstützen.

Das Gespräch mit seinem Vater und seiner Mutter findet in einer sehr freundlichen Atmosphäre statt. Sie leben in einem großzügigen alten Stadthaus, in dem Herr Stauss ein Appartement bewohnt. Er kauft nicht gerne allein Kleidung ein, seine Mutter kann ihn wegen ihrer Erkrankung zurzeit nicht begleiten und der Vater ist beruflich sehr häufig unterwegs. Gemeinsam wird die Idee entwickelt, mit einer Tante neue Kleidung einzukaufen. Zudem steht ein Besuch beim Optiker an, um eine schon längst verordnete Brille auszusuchen und zu bestellen. Schon wenige Tage später bemerken seine Kollegen, dass Herr Stauss sein Äußeres positiv verändert hat. Die morgendliche Rasur bessert sich zwar auch, bleibt aber ein problematisches Thema.

Beflügelt von den erfreulichen Veränderungen beginne ich, eine Bilanz zu ziehen, und frage mich, was bis zum Ende des Trainings mit den Beteiligten noch erarbeitet werden muss. Entscheidender Faktor wird eine klare und offene Kommunikation mit Herrn Stauss im Unternehmen sein, dies muss ich noch einmal mit den Beteiligten eindeutig vereinbaren. Für eine sichere Perspektive in der Abteilung ist es wichtig, dass er eindeutige Rückmeldungen erhält und seine Fähigkeiten realistisch einzuschätzen lernt.

Der Jobcoach erklärt Herrn Winkelmann, dass es vor dem Hintergrund der Behinderung von Herrn Stauss sehr wichtig ist, Probleme klar und direkt anzusprechen, da er Andeutungen nicht immer versteht und diese nicht für den eigenen Lernprozess nutzen kann.

Herr Winkelmann hört mir sehr aufmerksam und interessiert zu. Zunehmend wächst er als Ansprechpartner in die Rolle eines Paten hinein. Ich beginne damit, ihn immer wieder zu ermutigen, frühzeitig und direkt Schwierigkeiten oder Ungereimtheiten, z.B. beim Auftreten oder im Kontakt zu Kollegen oder Kunden, direkt bei Herrn Stauss anzusprechen. Er nimmt diese Hinweise interessiert auf.

Mit allen Beteiligten wird aufgrund der bisherigen guten Erfahrungen vereinbart, dass Herr Winkelmann als Pate für das weitere Praktikum fungiert. In einem der nächsten Kontakte berichtet dieser über das Auftreten von Herrn Stauss während der Installation einer Software bei einer Chefsekretärin. Während der Wartezeit auf die PC-Installation soll er mit dem Finger in der Nase gebohrt und anschließend mit der Tastatur weitergearbeitet haben. Die Chefsekretärin hat sich bei der Geschäftsführung über dieses Verhalten beschwert. Nach einem Krisengespräch in der Abteilung reinigt Herr Winkelmann die Tastatur der Sekretärin und befreit sie von diversem Staub und Krümeln. Herrn Stauss spricht er auf sein Verhalten an und macht sachlich, aber bestimmt deutlich, dass »so etwas nicht geht«. Das Thema Umgang mit Kunden steht nach diesem Ereignis auf der Tagesordnung für das Jobcoaching.

Um solche Situationen zu vermeiden, ist es sinnvoll, mit Herrn Winkelmann und dem Abteilungsleiter ein Gespräch über den Umgang mit unterschiedlichen Kunden, ihren Wünschen und Besonderheiten zu führen. Mir stellt sich die Frage, ob Herr Stauss »sensible Kunden« meiden soll, um nicht erneut ähnlichen Schaden zu produzieren.

Der Abteilungsleiter geht auf den Vorschlag nicht ein, weil er eine Ungleichbehandlung seiner Mitarbeiter oder eine Sonderrolle für Herrn Stauss vermeiden möchte.

Trotz des Vorfalls ist Herr Stauss in sein Arbeitsumfeld in der Abteilung gut eingebunden. Es besteht allerdings die Gefahr, dass er seine Beschäftigungsperspektive durch wiederholte Fehler und unangemessenes Verhalten verliert. Da die Bearbeitung jedes Auftragstickets dokumentiert wird, sind seine Fehler offensichtlich.

Dem Arbeitgeber wird nach Gesprächen mit verschiedenen Kollegen empfohlen, eine eigene Ticket-Gruppe für Herrn Stauss einzurichten, deren Aufgaben auf ihn und seine Fähigkeiten zugeschnitten sind. Herr Winkelmann sorgt dafür, dass hier ausreichend und passende Aufträge für Herrn Stauss abgelegt werden. Dabei achtet er darauf, dass er keine Aufträge von »sensiblen« oder »sehr wichtigen« Kunden zugeteilt bekommt. Herr Stauss ist damit sehr zufrieden und arbeitet mit gleichem Elan weiter wie zuvor.

Das Zwischengespräch findet mit Herrn Stauss, Herrn Winkelmann, dem Abteilungsleiter, der Schwerbehindertenvertrauensperson, dem Personalleiter, dem Mitarbeiter des Integrationsfachdienstes und dem Jobcoach statt. Herr Stauss berichtet mit kurzen Sätzen und sichtbarer Begeisterung von seinen neuen Aufgabenbereichen. Die Freude über die neue Arbeit ist ihm anzumerken. Im Gespräch wird aber auch deutlich, dass er manchmal um seine »Lieblingsthemen« kreist. So betont er mehrfach, welche herausfordernden Probleme er schon gelöst hat. Der Stolz, hier arbeiten zu dürfen und sehr anspruchsvolle Problemlösungen zu erarbeiten, ist ihm deutlich anzumerken.

Herr Winkelmann berichtet sehr positiv über den gemeinsamen Einarbeitungs- und Lernprozess. Er betont die gute Entwicklung und berichtet über die Veränderungen (Checklisten, eigene Ticket-Gruppe, keine VIP-Kunden mehr). Insbesondere zu den Checklisten äußert er sich sehr positiv, weil diese auch für die Einarbeitung von anderen neuen Mitarbeitern und Praktikanten sehr nützlich seien. Bei einem der nächsten Abteilungsmeetings soll Herr Stauss die Checklisten seinen Kollegen vorstellen. Alle Beteiligten nehmen die Ergebnisse erfreut zur Kenntnis. Über die weitere Beschäftigungsperspektive wird nicht gesprochen, weil noch ein großer Teil des Praktikums vor ihm liegt.

Mit dem Zwischengespräch bin ich sehr zufrieden. Die guten Arbeitsergebnisse von Herrn Stauss sind nun allen bekannt und wurden gewürdigt.

Weil in der Folgezeit der Erwerb von Routine im Mittelpunkt steht, werden die Abstände der Besuche des Jobcoachs größer. Zwei Wochen später wird jedoch aufgrund der wirtschaftlichen Situation des Konzerns eine Investitionssperre für Neuanschaffungen in der IT verhängt, was enorme Auswirkungen für die Abteilung hat. Herr Winkelmann berichtet, dass der Konkurrenzdruck unter den Kollegen bei weniger Aufträgen steigt. Es würde aber nicht unfair miteinander umgegangen.

Das kommt für mich völlig überraschend. Erfahrungsgemäß ist die Übernahme von Praktikanten bzw. Mitarbeitern mit Behinderung in wirtschaftlich schwierigen Zeiten kaum möglich. Glücklicherweise steht die Entscheidung bezüglich Herrn Stauss noch nicht an. Erst einmal wird alles wie vereinbart weiterlaufen: das Praktikum, das Jobcoaching und sein angepasstes Alltagsgeschäft in der Abteilung.

Im Unternehmen stehen auch personelle Wechsel an. Herr Winkelmann wird die Abteilung verlassen und die Anleitung von Herrn Stauss nicht weiterführen. Zudem wechselt auch die Abteilungsleitung und einige Kollegen verlassen die Abteilung. Der zukünftige Aufgabenbereich der IT-Abteilung ist noch nicht klar und wird erst unter der neuen Abteilungsleitung festgelegt werden.

Alles im Umbruch. Der Weggang des bisherigen Paten könnte im schlimmsten Fall eine Krise auslösen. Aber erst mal abwarten, was dabei rauskommt, und vielleicht ergeben sich sogar Chancen für Herrn Stauss. In

jedem Fall muss ich Bilanz ziehen und meine Arbeit bis zum Abschluss des Falls neu planen.

Mit personellen Umsetzungen im ganzen Haus kommt plötzlich eine neue Flut von Aufträgen auf die IT-Abteilung zu, weil die Mitarbeiter an ihren neuen Arbeitsplätzen wieder in das IT-System eingebunden werden müssen oder ihre Geräte mitnehmen. Für Herrn Stauss und seine Kollegen bedeutet dies eine große Zahl an Auftragstickets und viel Arbeit. In der Folge arbeiten sie teilweise sogar am Wochenende, um Umzüge ganzer Abteilungen ohne Arbeitsausfall während der Werktage durchführen zu können.

Herr Auras wird neuer Gruppenleiter in der Abteilung. Er soll ab sofort auch Ansprechpartner für Herrn Stauss sein. Er ist ein aufmerksamer Zuhörer mit klaren Vorstellungen über seine Arbeit und einem angenehmen und kollegialen Umgangston. Auch der Abteilungsleiter hat gewechselt. Er wird als ehrgeizig und willensstark von den Kollegen charakterisiert. Ihm und Herrn Auras stellt der Jobcoach seine Arbeit sowie seine neuen Ziele und Vereinbarungen vor, die sich nicht wesentlich von den bisherigen unterscheiden.

Ich bin erleichtert, dass auch Herr Auras mir geeignet erscheint, die Rolle des betrieblichen Paten für Herrn Stauss zu übernehmen. Ich werde dies mit ihm und Herrn Stauss besprechen. In jedem Fall wird es entscheidend sein, dass am Ende meiner Arbeit ein Pate als fester Ansprechpartner für Herrn Stauss zur Verfügung steht.

Zukünftig wird die Abteilung auch den Support für die Drucker übernehmen. Da sich nur sehr wenige Mitarbeitende dafür interessieren, schlage ich vor, Herrn Stauss darin einzuarbeiten.

Ich sehe für Herrn Stauss die Möglichkeit, sich durch die Übernahme neuer und weniger beliebter Aufgaben »unentbehrlich« zu machen.

Zu dieser Zeit kann die anfangs geplante EDV-Schulung durchgeführt werden, und Herr Stauss nimmt für fünf Tage an einer Schulung außerhalb des Arbeitsplatzes teil. Nachdem Herr Auras zugestimmt hat, werden im Anschluss bereits nach wenigen Tagen von Herrn Stauss neben seinen bisherigen Arbeiten Druckeraufträge erprobt und bearbeitet.

Diese Aufträge sind schwierig und eine Herausforderung für ihn, weil es sehr viele unterschiedliche Druckertypen im Unternehmen gibt.
Die Probleme und den Aufwand sieht man zudem dem Ticket nicht an. Häufig lautet die Meldung nur: »druckt nicht«. Ob nur eine Tonerkartusche zu wechseln ist, Verschleißteile erneuert werden müssen, der Drucker ausgetauscht werden muss oder es ein Problem mit der Software gibt, kann nur vor Ort in Erfahrung gebracht werden. Einzelne Arbeitsschritte lassen sich in diesem Fall mit einer Checkliste nicht systematisieren.

Herr Stauss soll deshalb einfache Reparaturen durchführen und einen anderen Mitarbeiter bei Aufträgen begleiten und unterstützen. Auf diese Weise kann er einfache Druckeraufträge bearbeiten.
Von Herrn Auras erfährt der Jobcoach, dass im Ticket-System auch die Arbeitszeit und das verwendete Material vermerkt werden müssen. Herr Stauss dokumentiert dies jedoch bisher nicht vollständig. Gemeinsam mit ihm und Herrn Auras werden die Gründe dafür besprochen. Es stellt sich heraus, dass der Zusammenhang zwischen seiner Arbeit, der Dokumentation und der Abrechnung der Leistungen Herrn Stauss nicht bekannt war. Ihm ist es häufig auch lästig, Arbeitszeit und Material exakt zu erfassen. Auf Nachfrage ist zu erfahren, dass Herr Auras seine Arbeitszeit pragmatisch vor Feierabend auf die bearbeiteten Aufträge aufteilt. Mit Herrn Stauss wird vereinbart, dass er das zukünftig genauso machen wird und am Ende des Tages nur die Summe seiner Arbeitszeit »passen« muss. Der Jobcoach wird die Dokumentation in den nächsten zwei Wochen mit Herrn Auras gemeinsam erledigen.
Angesichts des absehbaren Endes des Praktikums in acht Wochen ist es wichtig, die weitere Perspektive zu besprechen.

Vorab resümiere ich das Ergebnis des Jobcoachings: Herr Stauss hat ausreichende und für ihn passende Arbeitsaufgaben in der IT-Abteilung gefunden. Er kann sie mit Checklisten zur Zufriedenheit bearbeiten und er dokumentiert seine Arbeit ausreichend. Eigene Entscheidungen bei Problemen machen ihm weiterhin Schwierigkeiten. Er hat einen passenden Arbeitsplatz mit einer langfristigen Perspektive gefunden. Es bleibt abzuwarten, ob die Entscheidungsträger im Betrieb dies auch so sehen und Herr Stauss eine Beschäftigungsperspektive erhält.

In einem Reflexionsgespräch mit Herrn Stauss, Herrn Auras, dem Abteilungsleiter, der Schwerbehindertenvertrauensperson, dem Personalchef, dem Mitarbeiter des Integrationsfachdienstes und dem Jobcoach werden die bisherigen Ergebnisse des Jobcoachings und die weitere Beschäftigungsperspektive besprochen. Herr Auras sieht Einsatzbereiche für Herrn Stauss, auch wenn er nicht so viel leistet wie andere Mitarbeiter und dies zusätzlichen Aufwand für ihn und die Abteilung bedeutet. Für den Abteilungsleiter spielt die betriebswirtschaftliche Seite die wichtigste Rolle und er gibt zu bedenken, dass für seine Entscheidung die Finanzierung der Stelle und die Auswirkungen auf den Stellenplan im Konzern geklärt sein müssen.
Mit allen Beteiligten wird vereinbart, dass der Arbeitgeber Zuschüsse beim Integrationsamt zur Abgeltung außergewöhnlicher Belastungen nach der Schwerbehindertenabgabeverordnung (§27 SchwbAV) beantragt und darüber die Minderleistung bzw. den behinderungsbedingten Betreuungsaufwand finanziell abmildert. Für die restlichen acht Wochen des Jobcoachings werden die Besuche des Jobcoachs reduziert.

(Fortsetzung Seite 155)

Vertrauen und Loslassen: Phase der Stabilisierung und des Abschieds

Etwa ab der Mitte des Jobcoachings beginnt der Jobcoach mit der Vorbereitung der Phase der Stabilisierung und des Abschieds. Die Beantwortung folgender Leitfrage hilft ihm dabei: »Was muss in der verbleibenden Zeit passieren, damit das Arbeitsverhältnis nach Abschluss des Jobcoachings auch ohne mich stabil bleiben wird?« Die Beantwortung dieser Frage kann in manchen Fällen zu einer Neubewertung der Interventionen, der Ziele oder auch der Zeitstruktur führen.

In dieser letzten Phase wird die Häufigkeit bzw. Dauer der Besuche des Jobcoachs im Betrieb schrittweise reduziert und alle Beteiligten können Erfahrungen damit machen, wie sich die Situation ohne Jobcoach entwickelt. Bei diesem »Abschied auf Probe« kann deutlich werden, ob die erreichten Veränderungen für das Arbeitsverhältnis auf Dauer tragfähig sind. Denn viele Aufgaben sind zwar erledigt, jedoch neue Arbeitsinhalte und -aufgaben nicht unbedingt gefestigt. Es kann nicht ausgeschlossen werden, dass die neue Situation nur so lange stabil bleibt, wie das Jobcoaching stattfindet. Deshalb wird in der Phase der Stabilisierung oft eine Coaching-Pause von zwei bis vier Wochen als »Testphase« vereinbart.

Die Idee einer einmal eingerichteten und dann dauerhaft gleichbleibenden Stabilität ist allerdings eine Fiktion. Arbeitsplätze und Betriebe ändern sich, sie müssen sich beispielsweise an geänderte Marktbedingungen anpassen, um überlebensfähig zu bleiben. Dadurch fallen Aufgaben weg, andere kommen hinzu, Kollegen und Vorgesetzte wechseln. In vielen Fällen wird man zwar versuchen, eine einmal gefundene Integrationslösung möglichst lange stabil zu halten, Veränderungen und Anpassungen gehören jedoch auch dazu.

Die Stabilität des Arbeitsverhältnisses liegt aber nicht ausschließlich beim Arbeitnehmer mit Behinderung. Sie wird durch die Ressourcen aller am Jobcoaching-Prozess beteiligten Personen gestützt. Diese sind am Ende meistens sehr viel eher bereit und in der Lage, gemeinsam mit

dem behinderten Kollegen neue Lösungen zu finden, wenn dies zukünftig erforderlich ist.
Manchmal wird in der letzten Phase deutlich, dass nicht alles, was angestrebt und vereinbart wurde, auch erreicht werden konnte. Darüber muss Transparenz geschaffen werden. In einem Zwischengespräch werden die Schwerpunkte und Aufgaben des Jobcoachings für die noch verbleibende Zeit festgelegt oder eine Verlängerung erwogen.

Gewinnung, Aufgaben und Anleitung eines Paten

Sollte eine dauerhafte Unterstützung notwendig bleiben, kann es sinnvoll sein, einen Paten (→ »Elemente aus der lösungsorientierten Beratung«, S. 29, und → Fallbeispiel IT) zu finden und diesen auf seine Aufgaben z.B. durch »Modelllernen« vorzubereiten. Jobcoaches schauen während ihrer Anwesenheit im Betrieb, wer dafür geeignet sein könnte. Der betriebliche Pate ist üblicherweise in der näheren Arbeitsumgebung des behinderten Menschen tätig. Meistens handelt es sich um den Vorgesetzten oder einen Arbeitskollegen. Er ist der erste Ansprechpartner für alle Beteiligten und versucht bei Problemen, geeignete Lösungen zu finden.
Er achtet auch darauf, dass Absprachen eingehalten werden. Diese können individuell mit dem Klienten, mit seinem betrieblichen Umfeld oder gemeinsam mit allen getroffen werden. Beispiele dafür sind: Arbeitsaufgaben des Arbeitnehmers, Arbeits- oder Pausenzeiten, Weisungsbefugnisse oder Verhalten in kritischen Situationen. Üblicherweise wird der betriebliche Pate bei der Entwicklung solcher Vereinbarungen beteiligt, und diese werden am Ende des Jobcoachings festgehalten. Sie sind allerdings nur dann sinnvoll und umsetzbar, wenn sie während des Jobcoachings als notwendig erkannt und im Konsens festgelegt wurden.
Betriebliche Paten benötigen Kenntnisse über die Auswirkungen der Behinderung auf die Arbeit und müssen in der Lage sein, in schwierigen und kritischen Situationen zu moderieren. Solche Kenntnisse und Fähigkeiten werden in der Zusammenarbeit mit dem Jobcoach auf die Situation genau angepasst und teilweise auch erworben. Wichtig ist es,

eine schwierige oder kritische Situation wahrzunehmen, sie zu reflektieren und erst dann zu reagieren. Oft ist es dabei sinnvoll, ein Mitglied des Betriebsrats, eine Schwerbehindertenvertrauensperson oder den betrieblichen Sozialdienst zu beteiligen.
Die Notwendigkeit externer fachlicher Unterstützung, beispielsweise eine medizinische Abklärung von psychischen Veränderungen, wird häufig vom betrieblichen Paten als Erstem erkannt. Für solche Fälle wird im Vorfeld vereinbart, dass er sich mit dem behinderten Mitarbeiter und einem betrieblichen Funktionsträger, in der Regel mit der Schwerbehindertenvertretung, berät.
Der Einsatz einer Patin oder eines Paten kann aus Mitteln der Ausgleichsabgabe im Rahmen der Schwerbehindertenabgabeverordnung (§ 27 SchwbAV) durch das Integrationsamt ausgeglichen werden.

Verlängerung des Jobcoachings

Unvorhersehbare Ereignisse können sich auf die Dauer des Jobcoachings auswirken. Anforderungen und Ziele können sich verändern oder andere Entwicklungen, wie beispielsweise eine Krise des behinderten Menschen, können zu einer zeitlichen Ausweitung des Jobcoachings führen. Jobcoaching ist jedoch keine Dauerbetreuung und eine Verlängerung setzt immer neue Ziele und einen neuen Zeitrahmen voraus. Dies wird häufig bereits beim Zwischengespräch deutlich und muss mit dem Leistungsträger abgestimmt und vereinbart werden.

Weiterführende Unterstützungsangebote

Sollte zum Ende des Jobcoachings die Integrationslösung nicht tragfähig sein, können weitere Unterstützungsangebote genutzt werden. Dafür kommen persönliche Betreuungsangebote oder finanzielle Hilfen in Betracht. Beides ist im Regelfall nur bei Arbeitnehmern und Arbeitnehmerinnen mit anerkannter Schwerbehinderung möglich. Persönliche Betreuungsleistungen werden in der Regel vom Integrationsfachdienst angeboten. Der Jobcoach wird bei Bedarf zu den zuständigen Institutionen oder Diensten vermitteln.

Abschied im Jobcoaching

Am Ende des Jobcoachings steht der Abschied von Menschen, von der Aufgabe und von der Verantwortung. Einige Jobcoaches nutzen hierfür Rituale, beispielsweise einen besonderen Rahmen für das Abschlussgespräch. Hilfreich ist es, den Abschied vorab zu thematisieren und den Klienten darauf vorzubereiten.
Der Jobcoach hat die Aufgabe, für alle Beteiligten Entwicklungen nachzuzeichnen, die Erfolge deutlich zu machen, wichtige Ereignisse noch einmal aufzugreifen und die Menschen mit ihren Anstrengungen, Leistungen und Erfolgen zu würdigen. Dies fällt leicht, wenn man erfolgreich war. Dies ist aber ebenso wichtig, wenn Ziele nicht erreicht wurden.
Der Jobcoach wird auch für sich selbst seine Arbeit und seinen persönlichen Beitrag zu Erfolgen und Misserfolgen bilanzieren. Manche Situationen wird er als schmerzlichen Verlust wertvoller Beziehungen, von Anerkennung und angenehmer Arbeitsatmosphäre vermissen. Bei anderen wird er eine Befreiung von Verantwortung, Unfähigkeitserleben oder anstrengenden Menschen erleben. Er wird sich fragen: Was waren meine persönlichen Erfolge? Wo habe ich meine Arbeit gut gemacht? Welche Herausforderungen habe ich gemeistert? Worauf bin ich stolz? Was habe ich gelernt? Was mache ich beim nächsten Mal anders? Was muss ich noch lernen?

Stabilisierung und Abschied beim Fallbeispiel Bäckerei

Nachdem die Entscheidung des Arbeitgebers gefallen und die Wartezeit vorüber ist, zeigt sich, dass die Unterstützung der Mutter und der beiden Kolleginnen bei der Arbeit erfolgreich und ausreichend ist. Der Jobcoach erweitert mit Frau Knoche ihre Liste um die neuen Angebote. Die Kolleginnen finden schnell zu einer guten Zusammenarbeit und berücksichtigen dabei die Besonderheiten von Frau Knoche.
Das genehmigte Stundenkontingent neigt sich dem Ende zu. Die Mitarbeiterin aus dem Integrationsfachdienst besucht Frau Knoche während

des Jobcoachings noch regelmäßig am Arbeitsplatz, um Sicherheit zu geben und als zukünftige Ansprechpartnerin zur Verfügung zu stehen. Sie hat zu den beiden Kolleginnen von Frau Knoche einen guten Kontakt entwickelt. Der Prozess ist so weit abgeschlossen, dass das Abschlussgespräch geplant werden kann. Ein Gespräch mit dem Juniorchef und Frau Knoche zur Reflexion des Jobcoachings kommt jedoch über mehrere Wochen nicht zustande. Auf Nachfrage teilt der Arbeitgeber mit, dass doch alles so weit gut laufe, die Kollegin vom Integrationsfachdienst sei ja bekannt und daher sei alles zur Zufriedenheit des Betriebs. Ihm stelle sich die Frage, ob seine Teilnahme an einem Abschlussgespräch nicht überflüssig sei.

Grundsätzlich ist eine gemeinsame Auswertung und Ergebnissicherung im Jobcoaching sinnvoll und notwendig. Das Jobcoaching ist in diesem Fall allerdings sehr gut gelaufen. Ich bedanke mich beim Arbeitgeber für die gute Zusammenarbeit und verweise an die Mitarbeiterin vom Integrationsfachdienst bei weiteren Fragen.

Im Abschlussgespräch mit Frau Knoche, der Mitarbeiterin des Integrationsfachdienstes, den Kolleginnen und dem Jobcoach schließt dieser den »Fall« mit einem positiven Resümee ab. Frau Knoche bringt Kuchen mit, der den Abschied versüßen soll. Sie hat sich von einer Schülerin und Praktikantin zu einer guten Verkäuferin in der Bäckerei entwickelt, ihre Chance genutzt und mit langem Atem umgesetzt. Insbesondere die unsichere Zeit bis zur Einstellung hat sie sehr gefordert. Sie hat neue Ressourcen entwickelt und ihre Kolleginnen haben sie in besonderer Art und Weise unterstützt.
Die psychosoziale Begleitung durch den Integrationsfachdienst wird in den nächsten Monaten weiter erfolgen. Die Verabschiedung ist sehr herzlich.

Stabilisierung und Abschied beim Fallbeispiel Sekretariat

Es steht eine neue Planung für die Arbeit im Sekretariat am anderen Standort an. Die Erprobung des neuen Arbeitsplatzes, die Begleitung von Frau Falk und Frau Mix bei der Entscheidungsfindung und die

Festlegung der neuen Arbeitsaufgaben werden die wesentlichen Inhalte des weiteren Jobcoachings sein.

Der neue Arbeitsplatz kann auch eine neue Chance bedeuten. Mir ist aber bewusst, dass dies von Frau Falk nur bedingt so gesehen wird, da sie Konflikte mit der Kollegin am neuen Standort befürchtet. Ich gehe davon aus, dass praktische Erfahrungen die Entscheidungsfindung für beide Seiten erleichtern werden. Daher hatte ich den Beteiligten geraten, die neue Tätigkeit drei Monate zu erproben.

Der Jobcoach schlägt Zwischen- und Auswertungsgespräche vor und vereinbart mit den Beteiligten entsprechende Termine. Mit diesem Ergebnis ist der erste Teil des Jobcoachings beendet.

Der zweite Teil des Jobcoachings wird aufgrund des Umfangs an dieser Stelle nicht weiter beschrieben. Das Ergebnis am Ende war: Frau Falk hat sich am neuen Arbeitsplatz etabliert. Konflikte mit einer Kollegin ließen sich lösen, indem die Zusammenarbeit in Absprache mit Frau Mix auf ein zeitliches Minimum reduziert wurde. Dies wurde erreicht, indem Frau Mix kurz vor dem Abschlussgespräch entschied, dem Wunsch von Frau Falk teilweise zu entsprechen, und diese vier Tage pro Woche am neuen Standort tätig sein sollte (davon nur einen mit der als konfliktreich empfundenen Kollegin). Den fünften Wochentag arbeitete sie mit ihrer neuen Kollegin zusammen am alten Standort. Dies erfreute Frau Falk und auch ihre neue Kollegin.

Im Abschlussgespräch mit Frau Falk, Frau Mix, der Mitarbeiterin des Integrationsfachdienstes, dem Betriebsratsmitglied und dem Jobcoach äußerten sich (erwartungsgemäß) weder Frau Falk noch Frau Mix vollkommen zufrieden. Es war hilfreich, die vereinbarten Ziele gemeinsam zu reflektieren und festzustellen, dass tatsächlich alle Ziele erreicht wurden. Die zwischenmenschlichen Schwierigkeiten waren jedoch weiterhin spürbar. So stand am Ende eine Kompromisslösung, die vorsah, dass die Zeiten der gemeinsamen Anwesenheit mit Frau Mix und mit der Kollegin so weit reduziert wurden, dass Frau Falk sich in der Lage sah, ihre Arbeit eigenständig zu erledigen. Mit diesem, für den Verbleib von Frau Falk am Arbeitsplatz ausreichenden, aber vielleicht für die Beteiligten nicht befriedigenden Ergebnis verabschiedete sich der Jobcoach. Das Jobcoaching dauerte fast 13 Monate und lag damit aufgrund von Urlaubszeiten nur geringfügig über der ursprünglichen Planungszeit.

Ich habe am Ende den Eindruck, dass es Zeit wird, das Jobcoaching zu beenden, weil die Ziele erreicht und meine Einflussmöglichkeiten ausgeschöpft sind. Ich freue mich über die Lösung der Beteiligten am Ende und den Erhalt des Arbeitsplatzes. Meine persönliche »Grenzerfahrung« wird mich wohl noch ein wenig begleiten.

Stabilisierung und Abschied beim Fallbeispiel IT

In der verbleibenden Zeit ist der Jobcoach nur noch einmal in der Woche am Arbeitsplatz von Herrn Stauss, der weitgehend selbstständig arbeitet. Zum Ende der Zusammenarbeit ist es wichtig, bei jedem Besuch mit ihm und Herrn Auras gemeinsam über die Arbeit und einzelne Aufträge der letzten Woche zu sprechen. Nur so ist es möglich, Informationen aus beiden Sichtweisen zu erhalten und zu einem Bild zusammenzufügen. Immer wieder wird deutlich, dass Projekte und Herausforderungen von beiden sehr unterschiedlich wahrgenommen und verstanden werden. Ein gemeinsames Verstehen ermöglicht beiden ein weiteres Lernen der Verständigung und ein Verständnis der jeweils anderen Sichtweise. So kann die Zusammenarbeit und damit die gesamte Arbeitssituation weiter stabilisiert werden.

Der Jobcoach lässt sich auch von Herrn Stauss berichten, was er seit dem letzten Termin erledigt hat, ob es Besonderheiten oder Probleme gab. Herr Auras hat in seine Rolle als Pate gut hineingefunden und steht Herrn Stauss als fester Ansprechpartner zur Verfügung. Herr Stauss macht kaum noch Fehler, nur manchmal vergisst er eine Checkliste. Herr Auras erinnert ihn immer wieder daran, was er auf keinen Fall vergessen darf: Checklisten, Werkzeug, USB-Stick, Kugelschreiber und das ausgedruckte Auftragsticket.

Die Gespräche in der Stabilisierungsphase erlebe ich meist ambivalent. Ich möchte möglichst viel erfahren, aber nicht nur Fehler und Defizite hören, sondern auch positive Entwicklungen und Erfolge. Herrn Auras frage ich gezielt danach, da er von sich aus meist Fehler und Probleme schildert; Herrn Stauss frage ich, was nicht gut gelaufen ist, da er sonst nicht darüber berichtet.

In den letzten Wochen vor dem Abschlussgespräch wird die Zusammenarbeit unterbrochen und auf die Entscheidung des Betriebs zur Anstellung gewartet. In dieser Zeit gibt es kurze telefonische Kontakte des Jobcoachs zum IFD-Mitarbeiter und zur Schwerbehindertenvertrauensperson. Probleme bei der Arbeit von Herrn Stauss gibt es in dieser Zeit nicht. Dann fällt die Entscheidung, dass Herr Stauss in die Abteilung übernommen wird – Erleichterung beim ihm.
Im Abschlussgespräch mit Herrn Stauss, Herrn Auras, dem Abteilungsleiter, dem Personalleiter, dem Schwerbehindertenvertrauensmann, dem IFD-Kollegen und dem Jobcoach wird die gute Nachricht verkündet. Der Verlauf des Jobcoachings wird vor diesem Hintergrund von allen Beteiligten positiv bewertet. Es wird auf die weitere psychosoziale Unterstützung durch den Integrationsfachdienst hingewiesen und das Jobcoaching abgeschlossen.

Störungen im Prozess

Ein Jobcoaching-Prozess ist von dem persönlichen Lernprozess eines Menschen mit Behinderung, von betrieblichen Veränderungen und von äußeren Rahmenbedingungen abhängig. Aufgrund der Vielzahl von Einflussfaktoren verlaufen Prozesse oft anders als geplant, und der Jobcoach muss entsprechend flexibel reagieren. Veränderungen bieten meistens auch Chancen, und der Jobcoach hat die Möglichkeit, diese zu entdecken.

In vielen Jobcoaching-Prozessen ändern sich während des Prozesses die äußeren Bedingungen. Gründe können zum Beispiel eine längerfristige Erkrankung des Klienten, eine Rehabilitationsmaßnahme oder die Verkürzung seiner Arbeitszeit sein. Auf betrieblicher Seite können Änderungen von Tätigkeiten (z. B. eine neue Software, neue Maschinen), ein neuer Vorgesetzter, Umsetzungen an einen anderen Arbeitsplatz, ein Umzug bzw. Umbau des Betriebes oder die Auftragslage Einfluss auf den Prozess haben. Bei solchen Veränderungen müssen die ursprünglichen Ziele des Jobcoachings eventuell überprüft und mit allen Beteiligten neu abgestimmt und vereinbart werden.

Manchmal wirken sich solche äußeren Einflüsse sehr gravierend auf den Prozess aus und haben gegenüber dem Jobcoaching Vorrang. In diesen Situationen kann es sinnvoll sein, die zeitliche Struktur des Jobcoachings mit Starttermin, Unterbrechungen oder Dauer so anzupassen, dass die Rahmenbedingungen für eine gemeinsame Arbeit an den Zielen wieder gegeben sind.

Es lassen sich zwei häufig vorkommende Varianten von Störungen unterscheiden, die jeweils ein anderes Vorgehen des Jobcoachs erfordern. Dies sind zum einen die Stagnation eines Prozesses, bei der die Aufgabe des Jobcoachs darin liegt, den Prozess in Bewegung zu bringen, und zum anderen die Krise, in der der Jobcoach versucht, die in der Dynamik entstehenden Chancen zu nutzen und Schaden abzuwenden.

Stagnation im Jobcoaching

Woran erkennt der Jobcoach, dass keine Entwicklung mehr stattfindet? Was kann er tun, wenn sich nichts mehr bewegt? Um Stagnation möglichst rechtzeitig zu erkennen und aktiv gegensteuern zu können, sollte sich der Jobcoach nach jedem Termin folgende Fragen stellen: »Welches Ziel habe ich erreicht? Welchem Ziel bin ich näher gekommen?« Wenn er die Situation nur noch stabil hält, ohne sie zu verändern, besteht Handlungsbedarf. Grundsätzlich gibt es zwei Möglichkeiten: Der Jobcoach kann versuchen, dasselbe Ziel mit anderen Mitteln zu erreichen (Wechsel der Methoden), oder er kommt zu der Erkenntnis, dass das Ziel nicht erreicht werden kann (Anpassung der Ziele).
Sinnvoll ist es in diesem Fall, das Kopplungsfenster noch einmal zu nutzen und an die veränderte Situation und ggf. neue Erkenntnisse anzupassen. Denn der Jobcoach verfügt im Laufe des Prozesses über viele Informationen, die es ihm ermöglichen, die Perspektiven der beteiligten Menschen genauer zu verstehen und neue Lösungsideen zu entwickeln. Im Grunde werden damit die Schritte zwei und drei aus der Planungsphase erneut durchlaufen. Veränderungen an den Zielen benötigen ein geeignetes Setting. Ein sinnvoller Zeitpunkt hierfür sind die Zwischengespräche (→ »Schritt 3: Vereinbarungen zum Jobcoaching«, S. 74).
Häufig wird dem Jobcoach mitgeteilt, dass der Arbeitnehmer seine Arbeit gut ausführt, solange der Jobcoach dabei ist, in der übrigen Zeit aber nicht. Solche Aussagen auf ihren Wahrheitsgehalt zu überprüfen, ist kaum möglich. Außerdem erzeugt das Misstrauen. Sinnvoller ist es, gemeinsam mit allen Beteiligten zu überlegen, wie sich Fehler auch in der Zeit ohne Jobcoach reduzieren lassen. Hierbei hilft folgende Betrachtung: Falls die Fehlerhäufigkeit vor dem Jobcoaching deutlich höher war, ist offenbar schon viel erreicht worden. Wie lässt sich nun diese Entwicklung weiterführen? Was ist im Jobcoaching anders, das es dem Mitarbeiter ermöglicht, eine bessere Leistung zu erbringen? Können Kollegen entsprechend unterstützen, bis sich das neu Erlernte gefestigt hat?
Als Jobcoach erlebt man, dass sinnvolle Vorschläge und Angebote vom Klienten nicht umgesetzt bzw. angenommen werden oder er auf eine offensichtliche Veränderungsnotwendigkeit nicht reagiert. Vergleichbares erlebt er auch aufseiten des Betriebs: Positive Entwicklungen des

Klienten werden nicht gesehen oder der Jobcoach erfährt keine Unterstützung bei seiner Arbeit.
Das folgende Beispiel macht deutlich, wie die Blockade eines Betriebs entstand und wie sie gelöst wurde.

→ **Beispiel** Ein psychisch erkrankter Schreiner in einem mittelständischen Betrieb kam nach längerer Erkrankung an seinen Arbeitsplatz zurück. Es bestand dort große Unsicherheit, wie man mit ihm umgehen sollte. Einerseits hoffte man auf den leistungsfähigen Kollegen von früher, andererseits war klar, dass er die alte Rolle wohl nicht mehr einnehmen könnte. Der Mitarbeiter war oft unkonzentriert, arbeitete langsam und machte viele Fehler. Man konnte ihm keine eigenständigen Aufgaben mehr übertragen. Die medikamentöse Behandlung war abgeklärt und es war bereits eine Arbeitszeitverkürzung vereinbart. Dennoch waren die alltäglichen Probleme noch nicht gelöst. Der Betriebsleiter war an einem Jobcoaching interessiert und der Klient war damit einverstanden. Anfänglich zeigten sich schnell positive Entwicklungen, die Arbeitsleistung verbesserte sich und der Mitarbeiter wirkte konzentriert und mehr bei der Sache. Dies wurde auch von dem Betriebsleiter so gesehen. Nach der Hälfte der vereinbarten Zeit gab es jedoch plötzlich und unerwartet deutliche Unzufriedenheit im Betrieb. Es wurde kritisiert, dass der Mitarbeiter nur dann gut arbeite, wenn der Jobcoach dabei sei. Der Betrieb wollte das Jobcoaching deshalb nicht fortsetzen. Der Jobcoach war von diesem Wechsel völlig überrascht, er hatte sich auf die bis dahin positiven Aussagen des Betriebs verlassen. ×

Solche Ereignisse können irritieren, hilflos machen und zu verschiedenen Interpretationen verleiten: »Die wollten ihn schon immer loswerden, hätten sie doch gleich sagen sollen.« Oder: »Da muss noch etwas ganz anderes im Spiel sein. Vielleicht hat der Betrieb wirtschaftliche Probleme.« Oft gibt es für solche Vermutungen keinerlei Anzeichen. Sie sind daher ohne weitere Klärung nicht hilfreich, sondern können die Arbeitsfähigkeit des Jobcoachs gefährden, wenn er selbst anfängt, sie ernst zu nehmen.

→ **Beispiel** Der Jobcoach war verärgert und empfand die neue Haltung des Betriebs als unverständliche Blockade. In der Fallsupervision klärte sich dann aber das Bild: Ein Teilnehmer, selbst Schreinermeister, sagte, es sei ja klar, dass der Betrieb das Interesse verloren habe. Ein Mitarbeiter, der gezeigt hat, dass er gut arbeiten kann, es aber nicht tut, wenn der Jobcoach nicht dabei ist, würde ihn auch ärgern. Man wisse jetzt doch, zu was er noch in der Lage sei, wenn er nur wolle. Diese Sichtweise war dem Jobcoach nicht in den Sinn gekommen. Ihm war ja klar, dass sein Klient aufgrund seiner psychischen Probleme die Leistung nur durch die enge, angepasste Führung und Ansprache steigern konnte, wie sie im Jobcoaching möglich war. Auf die Idee, ihm einen »bösen Willen« zu unterstellen, wäre er nie gekommen. Nach der Erklärung des Kollegen wurde ihm der Zusammenhang jedoch klar. Er verstand, dass er dem Betrieb die Hintergründe des Verhaltens seines Mitarbeiters nicht ausreichend verständlich gemacht hatte. Er beschloss, dies nachzuholen, um den Betrieb erneut für die Zusammenarbeit zu gewinnen. ×

Widerstände und Blockaden können auch beim Jobcoach zu negativen Reaktionen führen, wenn er nicht versteht, warum jemand sich »falsch« oder scheinbar destruktiv verhält. Typische Reaktionen sind Ärger, Wut oder Gefühle von Hilflosigkeit. Dauern diese Empfindungen längere Zeit an, können sie den Jobcoach blockieren und seinen produktiven Umgang mit der Situation verhindern. Eine Besinnung auf die ihm zur Verfügung stehenden Instrumente lassen den Jobcoach geeignete Wege finden, um Blockaden zu lösen. Er kann sich seine Möglichkeiten durch die Beantwortung folgender Fragen in Erinnerung rufen:

Selbstklärung: Erwarte ich etwas, das nicht erbracht werden kann? Verfolge ich meine eigenen Ziele? Habe ich eine wertschätzende Haltung? Was kann ich dafür tun, sie wiederzuerlangen?

Rollenklärung: Werde ich noch als hilfreicher Unterstützer wahrgenommen? Werde ich als parteiisch erlebt?

Zielklärung: Werden die vereinbarten Ziele noch von allen geteilt oder müssen neue erarbeitet werden? Aus welcher Motivation handeln die Beteiligten? Wo liegen ihre Interessen und Ressourcen?

Strukturklärung: Entspricht die vereinbarte Dauer und die Terminhäufigkeit noch der veränderten Situation?

Methodenklärung: Lässt sich durch andere Interventionen wieder Bewegung in den Prozess bringen? Ist medizinische, psychotherapeutische oder andere externe Hilfe notwendig?

Krisen im Jobcoaching

Krisen sind zeitlich verdichtete, oft notwendige Bestandteile von Veränderungen und kommen beim Jobcoaching relativ häufig vor. Jobcoaches benötigen ein Instrumentarium, um Krisenanzeichen zu erkennen, mit Krisen umzugehen und die darin liegenden Chancen zu entdecken. Im Gegensatz zur klassischen Krisenintervention, die möglichst schnell auf das Erreichen eines stabilen Zustands abzielt, sind Krisen im Jobcoaching meist nicht unmittelbar bedrohlich. Daher konzentriert sich der Jobcoach auf Gestaltungsmöglichkeiten, die sich trotz oder gerade durch die Krise eröffnen. Krisen sind oft Wendepunkte im Prozess und der Jobcoach kann am ehesten die darin liegenden neuen Möglichkeiten entdecken und nutzbar machen. Eine Analyse der Ursachen der Krise oder eine Suche nach vermeintlich Schuldigen bringt die Beteiligten einer passenden Integrationslösung in der Regel nicht näher.

In Krisen spüren Menschen, dass ein neuer wichtiger Schritt von ihnen getan werden muss, den sie aber nicht kennen. Sie haben keine Vorstellung davon, wohin der Weg sie führen kann. Dies kann destabilisieren und Angst machen. Die erste Reaktion ist meistens ein Rückgriff auf frühere und bewährte Muster, die allerdings oft in der aktuellen Situation keinen Ausweg bieten, sondern in die Stagnation führen können. Wenn es einem Menschen aber gelingt, seine abwehrende innere Haltung zu ändern und eine Grenze durch Ausprobieren von etwas Neuem zu überwinden, hat dies häufig einen erheblichen persönlichen Gewinn zur Folge.

Im Jobcoaching erlebt man oft ein ähnliches Muster bei der Entstehung von Krisen. Manche Menschen realisieren im Laufe des Prozesses, dass sie aufgrund ihrer Behinderung an eine Grenze stoßen, die sie nicht wahrhaben wollen und gegen die sie ankämpfen. Ihre Behinderung verbinden sie mit persönlicher Schwäche, Versagen und Abwertung. Eine solche Situation kann durch eine erworbene Behinderung aufgrund einer Erkrankung oder nach einem Unfall entstehen. Der nach der Rückkehr an den Arbeitsplatz deutlich werdende Verlust an Fähigkeiten, Status und Beziehungen kann für den Klienten ein extremer Schock sein, den er erst schrittweise im Laufe des Jobcoachings und darüber hinaus realisiert und verarbeitet.

Eine ähnliche Situation kann bei den ersten Schritten junger Menschen in das Berufsleben eintreten, ggf. auch bei deren Angehörigen.

→ **Beispiel** Eine junge Frau mit einer geistigen Behinderung arbeitet im Anschluss an die Förderschule in der Wäscherei eines Pflegeheims. Zu ihren Aufgaben gehört es, Bewohnerwäsche zu waschen, zu falten und auf die Zimmer zu bringen, sowie einfache Reinigungstätigkeiten. Diese Aufgaben erlernt sie langsam, jedoch erfolgreich mit Unterstützung durch einen Jobcoach. Die Mutter traut ihrer Tochter jedoch mehr zu und wendet sich an die Hausleitung, die ihrerseits die Hauswirtschaftsleitung einbezieht. Die Mutter sucht im Heim auch selbst nach Arbeiten für ihre Tochter. Es entsteht viel Unruhe im Betrieb, die sich auf die Tochter und deren Verhalten auswirkt. Die Tochter beginnt, die Arbeit zu verweigern, Pausen zu überziehen und viel Zeit auf der Toilette zu verbringen. Auch die Zusammenarbeit mit dem Jobcoach verschlechtert sich, sie akzeptiert seine Anleitung nicht mehr. Der IFD wird eingeschaltet, da das Arbeitsverhältnis bedroht ist. Gemeinsam überlegen IFD und Jobcoach, welche Unterstützung sie in der neuen Situation noch anbieten können. Sie stellen fest, dass bislang im Jobcoaching durchaus Erfolge zu verzeichnen sind, die zu einer dauerhaften Sicherung des Arbeitsverhältnisses führen können. Sie stellen weiter fest, dass alle Beteiligten der jungen Frau mit Behinderung positiv zugewandt sind und sich eine Lösung wünschen, die ihr und dem Betrieb gerecht wird. Es wird ein Hausbesuch geplant, an dem die Klientin, ihre Mutter, der IFD und der Jobcoach teilnehmen sollen. Bei diesem Termin soll der Mutter auch mitgeteilt werden, dass sie, wahrscheinlich unwissentlich und in bester Absicht, mit ihrem Verhalten die bisherige positive Entwicklung gefährde.

Es gelingt, das Gespräch ohne Konfrontation oder Schuldvorwürfe zu führen. Die Mutter scheint die Konsequenzen ihres Verhaltens zu realisieren, es gibt jedoch keine Einigung für das weitere Vorgehen. Kurz nach dem Gespräch erkrankt die Mutter. Nach ihrer Gesundung befürwortet sie den Verbleib ihrer Tochter an dem Arbeitsplatz und hält sich vom Arbeitsplatz fern. Das Jobcoaching führt im weiteren Verlauf zu einer langfristigen Beschäftigung der jungen Frau. ×

Professionelles Handeln in Krisen

Der Weg aus einer Krise ist immer individuell und einzigartig und kann nur von den Beteiligten selbst gefunden werden. Externe können dabei unterstützend und klärend wirken. Dabei ist es nicht immer einfach, die Krise eines Menschen überhaupt wahrzunehmen. Oft bemerkt man sie daran, dass Menschen sich anders verhalten, als sie es normalerweise tun. Das kann sich beispielsweise in einem extremen Rückzug, in Aktionismus oder Verweigerung der Mitarbeit zeigen.

Ein erster Schlüssel zum hilfreichen Umgang mit Krisen ist die Akzeptanz, dass eine Krise vorliegt und besonderer Aufmerksamkeit bedarf. Ein vertrauensvoller Kontakt ist die Basis für jede Form der Unterstützung. Dieser ergibt sich leichter, wenn vorher schon eine tragfähige Arbeitsbasis geschaffen werden konnte, die auch in der Krise Sicherheit gibt. Der Jobcoach sollte das Finden von Lösungen nicht durch vorschnelle oder direktive Vorschläge stören, selbst wenn diese angenommen würden. Hierfür muss er selbst in der Lage sein, die Spannung der Krise auszuhalten. Er sollte dem Menschen mit Empathie und Wertschätzung begegnen, ohne dabei jedoch den Widerständen zu viel Raum zu geben. Sinnvoller ist es, einfühlsam Momente der Offenheit zu erspüren und sein Gegenüber behutsam auf die Beschäftigung mit möglichen Zielen zu lenken. Die Erinnerung an bereits erzielte Erfolge hilft, sich der nächsten Frage zuzuwenden: Was kann der nächste konstruktive Schritt sein?

Der folgende (typisierte) Prozessverlauf kommt aus der Organisationsberatung (Fatzer 1993) und trifft oft auch bei der persönlichen Krisenbewältigung von Menschen oder Teams zu. Die Grafik (Abbildung 9) veranschaulicht Entwicklungsphasen, die von Krisen begleitet werden. Sie kann dem Jobcoach Hinweise für passende Interventionen geben.

Die Krise beginnt mit einem Schock, weil die Realität nicht den Erwartungen entspricht. Eine typische erste Antwort ist die Verneinung der Krise. Die Aufgabe des Jobcoachs ist es, die jeweils Beteiligten auf dem Weg von der Verneinung über die Einsicht (3) und Akzeptanz (4) zum Ausprobieren (5) zu unterstützen. Eine wirksame Hilfe ist es, wenn der Jobcoach mit den Beteiligten ein Ziel »auf der anderen Seite des Tals« entwickelt. Gleichzeitig bietet er eine wertschätzende Begleitung auf dem Weg dahin an. Manchmal fällt es auch leichter, sich erst dann mit

ABBILDUNG 9 **Die sieben Phasen der Veränderungskurve** nach Fatzer 1993, S. 14

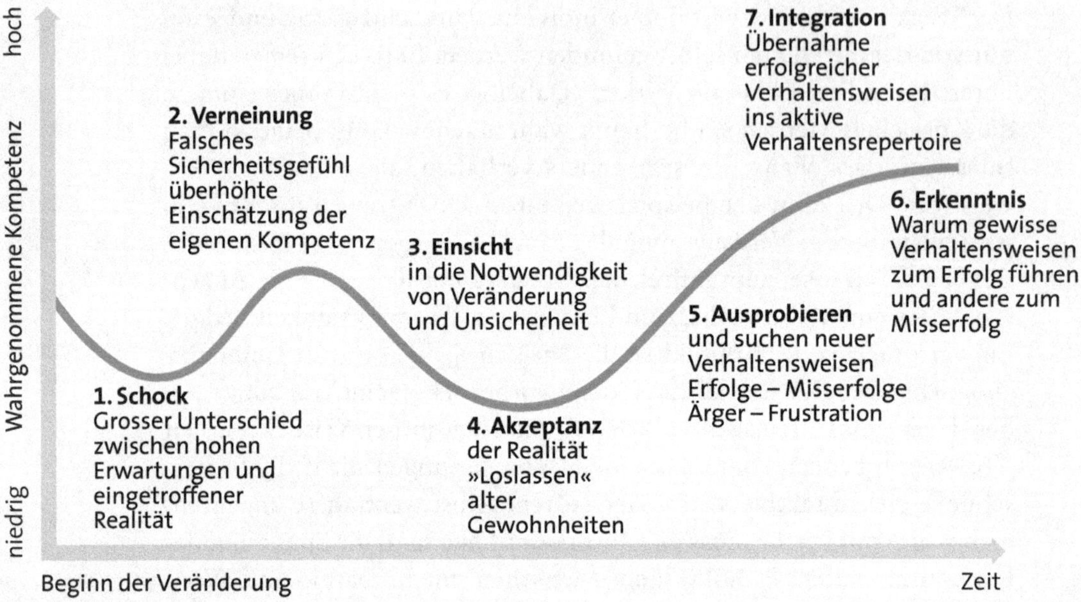

Einsicht und Akzeptanz auseinanderzusetzen, wenn erste erfolgreiche Schritte bereits gelungen sind.

Attraktive Ziele erleichtern den Weg aus der Krise, sie lassen sich beim Jobcoaching oftmals sehr praxisnah entwickeln. Situationen, in denen die Probleme nicht auftreten oder Ressourcen deutlich werden, können die Richtung aufzeigen. So kann beispielsweise ein neuer Aufgabenbereich für den Klienten, der in seinem Interesse liegt und seinen betrieblichen Status aufwertet, ihm dabei helfen, sich mit Unterstützung des Jobcoachs schrittweise auf den Weg zu machen und Neues auszuprobieren.

Krisen betreffen immer alle Beteiligten des jeweiligen sozialen Systems, sie können sich jedoch unterschiedlich manifestieren. Der Betrieb kann ebenso in eine Krise geraten wie der Klient oder der Jobcoach selbst. Das Vorgehen ist im Prinzip immer so wie oben beschrieben, einige zusätzliche Handlungsmöglichkeiten sind jedoch spezifisch für den Klienten, den Betrieb oder den Jobcoach.

Krisen des Klienten

Krisen des Klienten können durch betriebliche Entwicklungen ausgelöst werden, die steigende Arbeitsbelastungen und Umstrukturierungen zur Folge haben. Sinn- und Selbstwertkrisen können durch Unterforderungen ausgelöst werden, wenn Menschen in einem Betrieb über einen längeren Zeitraum kaum sinnvolle Arbeit erhalten. Der Jobcoach wird seinem Klienten ggf. diese Zusammenhänge erläutern, um ihn von dem Gefühl des eigenen Versagens zu entlasten, und gemeinsam mit den betrieblich Verantwortlichen nach Änderungsmöglichkeiten suchen.

Klienten können durch Mobbing in Situationen geraten, in denen sie sozial ausgegrenzt werden und keinen Ausweg mehr sehen. Je länger dies andauert, umso schwieriger wird eine Lösung. Der Jobcoach kann versuchen, entsprechende Tendenzen im Betrieb frühzeitig aufzudecken und die unterstützenden Kräfte zu sensibilisieren. Eine Änderung gelingt aber meist nur, wenn sich noch keine destruktive Dynamik verfestigt hat und sich Beteiligte finden, die mit konstruktiven Änderungen gegensteuern. Meist wird eine alternative oder ergänzende Beratung durch den Betriebs- oder Personalrat zu empfehlen sein. Externe Hilfen, wie eine stützende Psychotherapie, können ebenfalls hilfreich sein.

Menschen neigen in Krisen zu unkalkulierbarem Verhalten, durch das sie eine Situation auch verschlimmern können. Um solchen Risiken zu mildern, lassen sich Vorbereitungen treffen, die in der Krisensituation greifen können. Es kann sich dabei um gemeinsame Verabredungen handeln, eine bestimmte Person im Krisenfall zu informieren und sie hierfür vorzubereiten (→ »Gewinnung, Aufgaben und Anleitung eines Paten«, S. 150).

In Krisensituationen gelten vorher vereinbarte Regeln der Zusammenarbeit erst einmal unverändert weiter. Krisen sind kein Grund, diese kurzfristig infrage zu stellen. Eine Krise sollte allerdings Anlass sein, über eventuell langfristig notwendige Anpassungen nachzudenken, insbesondere um dauerhafte Überforderungen zu vermeiden.

Generell hat sich beim Umgang mit Krisen des Klienten die Beantwortung folgender Fragen bewährt:

- Wie zeigt sich eine Krise des Klienten?
- Wie bedrohlich ist die Krise? Besteht akuter Handlungsbedarf? Sind auch andere Lebensbereiche neben der Arbeit betroffen? Muss externe Hilfe eingeleitet werden?

- Verfügt der Klient über Ressourcen für die Krisenbewältigung? Welche sind das? Lassen sie sich aktivieren?
- Lassen sich verantwortliche Personen in die Lösung der Krise einbeziehen?

Krisen des Betriebs

Insbesondere am Anfang von Prozessen erlebt der Jobcoach häufig, dass kleinere Rückschläge von betrieblicher Seite als Krise interpretiert werden. Es heißt dann nicht selten: »Wir haben überhaupt nichts erreicht, es ist alles so wie vorher.« Gerade am Anfang sind Schwankungen jedoch normal und der Prozess sollte unaufgeregt fortgesetzt werden. Das vorher vereinbarte Zwischengespräch ist der richtige Zeitpunkt, um eine erste Bilanz zu ziehen.
Oft werden in Krisen kurzfristig Besprechungen mit möglichst vielen Menschen anberaumt. Dies ist im Allgemeinen wenig hilfreich. Der Jobcoach sollte auch hier darauf hinwirken, dass schnelle Entscheidungen, die das Arbeitsverhältnis des Klienten oder das Jobcoaching betreffen, vermieden werden. Vereinbarungen zu Zielen und zur Zeitstruktur gelten erst einmal weiter. Falls Entscheidungen notwendig sind, sollten sie mit einem gewissen Abstand getroffen werden. Ohne triftigen Grund und transparente Absprachen mit allen Beteiligten sollten einmal getroffene Vereinbarungen nicht geändert werden. Hier können die vereinbarten Strukturen stabilisierend wirken. Betriebliche Krisen können aber auch Chancen für den behinderten Menschen bieten, wenn sich unerwartet neue Aufgabenbereiche ergeben und dadurch die Beschäftigung gesichert werden kann (→ Fallbeispiel IT).
Kollegen oder Vorgesetzte können im Rahmen eines Jobcoachings eine persönliche Krise erleben. Dies kann beispielsweise dann vorkommen, wenn sie sich in besonderer Weise für den behinderten Mitarbeiter eingesetzt haben, die erhoffte Wirkung jedoch ausbleibt. Der Jobcoach sollte vor allem dieses Engagement würdigen, es auf praktikable und effektive Unterstützungsmöglichkeiten lenken und die Grenzen der betrieblichen Hilfestellung reflektieren.

→ **Beispiel** Der Betriebsleiter einer Wäscherei hatte sich bereiterklärt, für einen Menschen mit Autismus möglichst gleichbleibende Arbeitsbedingungen zu schaffen, da dieser behinderungsbedingt mit Veränderungen nicht umgehen kann. Der Betriebsleiter engagierte sich sehr für ihn und versuchte, seine Zusagen zu halten. Als nach einer Umstrukturierung innerhalb des Betriebes die Abläufe jedoch noch einmal verändert werden mussten und der behinderte Mitarbeiter eine andere Aufgabe bekam, verließ dieser aufgebracht seinen Arbeitsplatz. Damit war für den Betriebsleiter eine Grenze erreicht und er beschloss spontan, die Kündigung zu beantragen. Nach Aussprache mit dem Jobcoach sagte er zu, seine Entscheidung noch einmal zu überdenken. Gemeinsam wurden alltagstaugliche und für den Mitarbeiter umsetzbare Vereinbarungen für das Beschäftigungsverhältnis erarbeitet, die für einen befristeten Zeitraum ausprobiert werden sollten. ×

Krisen des Jobcoachs

Befindet sich der Jobcoach selbst in einer Krise, beispielsweise weil der Prozess nicht so läuft, wie von ihm erhofft, helfen Selbstklärung, eine Rückbesinnung auf die vereinbarten Ziele und das eigene Instrumentarium (→ »Stagnation im Jobcoaching«, S. 158). Da die eigene Krise häufig jedoch sehr spät wahrgenommen wird, ist regelmäßige Supervision und der Austausch mit Kolleginnen und Kollegen als festes konzeptionelles Element elementar wichtig. Die Beantwortung folgender Fragen kann dem Jobcoach bei der Selbstklärung helfen:

- Ärgere ich mich darüber, diesen Prozess begonnen zu haben?
- Wie würden meine Kollegin, mein Kollege mich aktuell beschreiben? Welches Bild würden sie für mich verwenden?
- Habe ich eine Idee für den nächsten Schritt?
- Welche Erwartungen haben die Beteiligten an mich?
- Welche Erwartungen habe ich an mich?
- Habe ich Vertrauen hinsichtlich einer Lösung?
- Was passiert, wenn die Beteiligten eine Lösung finden, mit der ich nicht einverstanden bin?
- Wer braucht am dringendsten eine Lösung: der Klient, der Betrieb oder ich selbst?

Qualitätsaspekte beim Jobcoaching

Wir wollen einige auf der praktischen Ebene entwickelten Kriterien und Überlegungen vorstellen, die die Qualität von Jobcoaching sichern und verbessern können. Da die Prozesse bereits ausführlich beschrieben wurden, beschränken wir uns hier auf die Struktur- und Ergebnisqualität.

Strukturqualität

Zentrale strukturelle Voraussetzungen für ein qualitativ hochwertiges Jobcoaching sind die Qualifizierung des Jobcoachs und die Rahmenbedingungen, in denen er tätig ist.

Qualifizierung des Jobcoachs: Die Durchführung von Jobcoaching sollte durch Fachkräfte erfolgen. Berufsabschlüsse, Qualifizierungen und fachliche Eignung eines Jobcoachs gibt in der Regel der jeweilige Leistungsträger vor. Ergotherapeuten, Pädagogen, aber auch Fachkräfte mit Ausbildereignung in Verbindung mit einer fachspezifischen Weiterbildung können das Jobcoaching ausüben. Geeignete Weiterbildungen mit unterschiedlichen Schwerpunkten werden unter anderem angeboten von der Bundesarbeitsgemeinschaft für Unterstützte Beschäftigung mit dem Abschluss »Integrationsberater in Unterstützter Beschäftigung« (www.bag-ub.de/weiterbildung/wb_curriculum.htm) sowie vom Landschaftsverband Westfalen-Lippe in Kooperation mit der Handwerkskammer Münster mit dem Abschluss »Job-Coach UB« (www.lwl-job coaching.de). Auch eine Weiterbildung in systemischer Beratung ist empfehlenswert.

Weitere strukturelle Qualitätskriterien: Folgende Rahmenbedingungen sind Voraussetzung für ein erfolgreiches Jobcoaching:

- Ein Vollzeit arbeitender Jobcoach sollte nicht mehr als sechs Fälle gleichzeitig bearbeiten.
- Die Mindestdauer eines Jobcoachings sollte acht Wochen mit einem Umfang von insgesamt mindestens dreißig Stunden im Betrieb betragen.

- Der Jobcoach sollte in der Regel mindestens ein- bis zweimal in der Woche jeweils eineinhalb bis drei Stunden im Betrieb sein. Die entsprechende Mobilität muss sichergestellt sein.
- Der Jobcoach benötigt einen Schreibtischarbeitsplatz mit PC und Telefon.
- Gleichberechtigte Arbeit mit allen Beteiligten sollte selbstverständlich sein.
- Zielentwicklung und zeitliche Planung erfolgen gemeinsam mit allen Beteiligten.
- Jobcoaching orientiert sich ausschließlich an möglichen Lösungen.
- Eine Dokumentation der Arbeit dient sowohl als Nachweis wie als persönliches Reflexionsinstrument des Veränderungsprozesses. Die Verschriftlichung schafft Klarheit in der Bewertung der eigenen Arbeit.
- Die regelmäßige und systematische Selbsteinschätzung der eigenen Arbeit, z.B. anhand eines Reflexionsbogens (→ Arbeitshilfe 2: Reflexionsbogen Jobcoaching).
- Regelmäßige Fallsupervision ist insbesondere in der Anfangsphase unbedingt notwendig. Der Supervisor sollte nach Möglichkeit das Arbeitsfeld Jobcoaching kennen.
- Eine kollegiale Fallberatung kann die Aufrechterhaltung des Qualitätsstandards unterstützen (→ Arbeitshilfe 7: Kollegiale Fallberatung beim Jobcoaching).

Überlegungen zur Ergebnisqualität

Es gibt unseres Wissens bisher keine Instrumente zur Erfassung der Ergebnisqualität von Jobcoaching. Bei unseren Überlegungen zur Ergebnisqualität beziehen wir uns auf die eingangs formulierten Ziele von Jobcoaching, in der neben der Aufnahme oder dem Erhalt des Arbeitsverhältnisses auch das Lernen des Klienten und des Betriebs als zentrale Elemente genannt sind (→ »Was ist Jobcoaching?«, S. 11). Daher muss die Ergebnisqualität die Beurteilung der folgenden drei Kriterien umfassen:

Arbeitsplatzerhalt: Wurde durch das Jobcoaching ein Mensch mit Behinderung in ein sozialversicherungspflichtiges Arbeitsverhältnis eingestellt oder wurde seine Kündigung verhindert?

Kompetenzerwerb: Hat der Mensch mit Behinderung im Jobcoaching Fähigkeiten erworben, die seine Integration auf dem allgemeinen Arbeitsmarkt verbessern?
Inklusionsfähigkeit: Hat der Betrieb seine Fähigkeiten erweitert, Menschen mit Behinderungen zu beschäftigen?
Die Beteiligten haben sich Ziele für das Jobcoaching gesetzt und können nur selbst bewerten, inwieweit diese erreicht wurden. Daher sollten die obigen drei Kriterien von denen eingeschätzt werden, die an dem Integrationsprozess beteiligt waren und gemeinsam vereinbarte Ziele verfolgt haben. In jedem Jobcoaching sind das mindestens der Arbeitnehmer mit Behinderung, der Arbeitgeber, der Leistungsträger und der Jobcoach. Jeder bewertet das Ergebnis in Bezug auf die vereinbarten Ziele aus seiner Perspektive. Dies kann durch einen Vergleich der Situation vor und nach dem Jobcoaching erfolgen, um über die Veränderungen in den drei genannten Bereichen das Ergebnis messbar zu machen.

Ein Blick in die Zukunft

Prozessbegleitung im Betrieb zur Unterstützung von Menschen mit Behinderung hat mit unterschiedlichen Angeboten und Formen Zukunft. Wir wollen hierzu einige Überlegungen zur weiteren Entwicklung des Jobcoachings darlegen sowie eine neue Variante der Prozessbegleitung, das Jobcarving, vorstellen.

Die weitere Entwicklung des Jobcoachings

Jobcoaching ist eine begrenzte, zeitlich und inhaltlich strukturierte Maßnahme. Das Einsatzgebiet ist definiert, die Gründe beschrieben. Es werden erwartbare Ergebnisse geliefert und die Kosten sind kalkulierbar. Dieses klare Profil unterstreicht den Nutzen des Jobcoachings. Wir sehen vier gesellschaftliche Entwicklungen in der Arbeitswelt, aufgrund derer das Jobcoaching zukünftig eine verstärkte Rolle spielen kann:

- Die Diskussion über Inklusion im Rahmen der UN-Konvention über Rechte von Menschen mit Behinderung wird sich zunehmend mit dem Thema Arbeit, der Reduzierung von Sondereinrichtungen und der Schaffung von Beschäftigungsmöglichkeiten auf dem allgemeinen Arbeitsmarkt beschäftigen. Derzeit setzt sie noch den Schwerpunkt auf die Bereiche Schule und Bildung, es ist aber zu erwarten, dass die Nachfrage nach Wegen zur beruflichen Inklusion deutlich steigen wird.
- Die demografische Entwicklung bzw. die »Überalterung« der Gesellschaft wird dazu führen, dass mehr Menschen mit einer Behinderung Möglichkeiten für eine Erwerbsarbeit suchen und finden.
- Psychische Belastungen in der Arbeitswelt und die Dauer psychischer Erkrankungen (z. B. Burn-out, Depressionen, Angststörungen) nehmen seit Jahren zu. Jobcoaching kann dazu beitragen, präventiv zu wirken bzw. mit erkrankten Mitarbeitern und ihren Kollegen und Vorgesetzten Lösungen für einen Wiedereinstieg in das Arbeitsleben zu entwickeln.
- Der allseits beklagte Fachkräftemangel kann dazu führen, dass hoch qualifizierte Fachkräfte durch das Jobcarving (siehe unten) von be-

stimmten Arbeiten entlastet und damit neue Arbeitsplätze für weniger qualifizierte und behinderte Menschen geschaffen werden.

Jobcarving: gleiche Methode, andere Aufgabenstellung

Eine neue Ergänzung zum Jobcoaching ist es, maßgeschneiderte Arbeitsplätze für Menschen mit Behinderung zu schaffen, das Jobcarving. Der Begriff kommt aus dem Englischen und bedeutet wörtlich »eine Arbeitsstelle schnitzen« (englisch to carve = schnitzen).
Ausgangspunkt ist die Tatsache, dass es viele einfache Tätigkeiten gibt, die von Fachkräften durchgeführt werden, die hierfür jedoch überqualifiziert sind. Solche Arbeiten werden oft einfach »mitgemacht«, belasten jedoch die Fachkräfte. Beim Jobcarving werden diese Tätigkeiten identifiziert, zu einem Arbeitsplatz gebündelt, ein geeigneter Mitarbeiter gesucht und dieser in den neu »geschnitzten« Arbeitsplatz eingearbeitet. Auf diesem Weg können auch solche Menschen mit Behinderung Arbeit finden, die mit den Anforderungen vieler Stellenprofile überfordert sind.
Jobcarving ist in der Regel nur dann sinnvoll und möglich, wenn Mitarbeitende von bestimmten einfachen Arbeiten entlastet werden sollen. Eine gute Auftragslage oder Nachfrage bei gleichzeitigem Mangel an bezahlbaren Fachkräften ist dafür typisch. Durch eine Neuverteilung der Aufgaben werden einige Mitarbeitende entlastet und andere bekommen Arbeit. Die bisherigen Erfahrungen zeigen, dass es in vielen Betrieben eine große Zahl einfacher Tätigkeiten gibt. Eine andere Verteilung und Neuorganisation muss sich jedoch in einem gemeinsamen Lernprozess erst einspielen.
Jobcarving beginnt idealerweise ohne dass am Anfang bereits ein konkreter Stellenbewerber mit Behinderung vorgesehen ist. Dieser wird erst im Laufe des Prozesses gesucht, im Regelfall handelt es sich um Personen mit besonderem Unterstützungsbedarf. In anderen Zusammenhängen wird unter Jobcarving die Anpassung von Tätigkeiten an die Fähigkeiten eines behinderten Menschen während eines Arbeits- oder Praktikumsverhältnisses verstanden.

Ablauf des Jobcarvings

Ein Jobcarving beginnt mit dem Bedarf eines Arbeitgebers nach Arbeitskraft, der die Beschäftigung eines Menschen mit Behinderung nicht ausschließt.

ABBILDUNG 10 Drei Phasen des Jobcarving

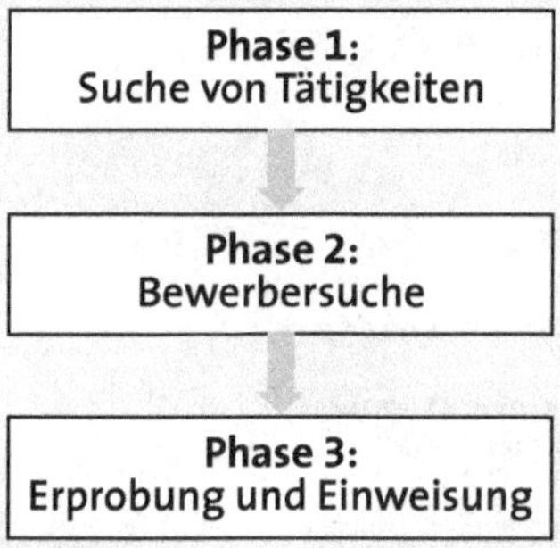

In der ersten Phase (siehe Abbildung 10) sucht der Jobcoach gemeinsam mit dem Arbeitgeber und den Mitarbeitenden nach geeigneten Tätigkeiten. Es wird sich hierbei in der Regel um einfache Arbeiten handeln, beispielsweise Aufräum- und Reinigungstätigkeiten, Hol- und Bringdienste, einfache Betreuungsaufgaben oder Zuarbeiten. Nicht die einzelne Tätigkeit schafft einen neuen Arbeitsplatz, sondern ihre Summe. Eine sorgfältige Einpassung in die bestehenden Abläufe geschieht im Laufe des Prozesses.

Die Suche nach geeigneten Tätigkeiten beginnt mit einem Interview des Verantwortlichen im Betrieb. Gezielte Fragen regen die Suche nach geeigneten Tätigkeiten an (→ Arbeitshilfe 9: Interviewfragen Jobcarving). Eine Betriebsbegehung hilft dem Jobcoach, Ideen für Arbeitsbereiche zu entwickeln. In Absprache mit dem Verantwortlichen folgt ein Workshop mit Mitarbeitenden aus der Abteilung oder dem Unternehmensbereich (→ Arbeitshilfe 10: Workshop Jobcarving). Der Workshop wird vom Jobcoach moderiert. Auch hier steht die Suche nach geeigneten Tätigkeiten im Mittelpunkt.

ABBILDUNG 11 Arbeitshilfe 10: Workshop Jobcarving

Workshop Jobcarving

Anwendungsbereich: Vorbereitung und Durchführung eines Mitarbeiterworkshops
Verwendung: Ziel des Workshops ist die Sammlung von Hilfstätigkeiten, deren Abgabe die Mitarbeiterinnen und Mitarbeiter entlasten kann. Die Vorbereitung des Mitarbeiterworkshops geschieht gemeinsam durch den Jobcoach und die betrieblichen Leitung (Geschäftsführung, Abteilungs- oder Bereichsleitung, Projektleitung).

Aufgaben der Leitung:

- Vorstellung des Jobcoachs
- Erläuterung
  - des Vorhabens: Einstellung eines behinderten Menschen zur Entlastung,
  - der Haltung des Betriebs dazu,
  - der Ziele des Workshops: Suche nach Tätigkeiten für einen Jobcarving-Arbeitsplatz, Beantwortung von Fragen.
- Übergabe an Jobcoach als »Experten für das Vorhaben«

Aufgaben des Jobcoachs:

- Vorstellung eines Beispiels (möglichst aus einer ähnlichen Branche)
- Anregung von Ideen für den neuen Arbeitsplatz durch Fragen und Strukturierung der Ideen
- Diskussion, Informationen zum weiteren Vorgehen (Ablauf, nächste Schritte) und zur Rolle des Jobcoachs, Erläuterung der folgenden Tätigkeitsanalysen, Bitte um Mitarbeit

Vorbereitend zu klären ist:

- Datum/Zeit/Ort: ....
- Dauer (60 bis 90 Minuten) o.k. ☐
- Teilnehmende o.k. ☐
  (Mitarbeiter des Arbeitsbereichs, Betriebs- oder Personalrat, insgesamt sechs bis acht Personen)
- Klärung der Vorinformationen und eventueller Vorbehalte o.k. ☐
- Klärung des Umgangs mit den Ergebnissen des Workshops o.k. ☐
  (Ergebnis in struktureller Form, keine Informationen über Personen)
- Vertretungsregelung für die Teilnahme am Workshop o.k. ☐
- Absprachen zur Aufgabenverteilung zwischen Jobcoach und der betrieblichen Leitung o.k. ☐

Sind diese identifiziert, muss der Jobcoach eine Tätigkeitsanalyse (Arbeitshilfe 8: Tätigkeitsanalyse Jobcarving) erstellen, in der alle Aufgaben in Einzelschritte zerlegt werden. Dafür führt der Jobcoach eine Arbeitsplatzbeobachtung durch und erfragt Details zur konkreten Arbeit von den Mitarbeitenden. Diese unterschätzen häufig, welche versteckten Anforderungen in den Tätigkeiten liegen, die sie täglich routiniert ausführen. Anschließend erstellt der Jobcoach ein Stellenprofil, das sich für einen Menschen mit besonderem Unterstützungsbedarf eignen könnte. In dem Stellenprofil werden die Tätigkeiten mit ihren jeweiligen Anforderungen benannt. Dies wird mit den Verantwortlichen im Unternehmen abgestimmt. Der Stundenumfang der geplanten Stelle wird festgelegt, ebenso Arbeitszeiten und erforderliche Qualifikationen.

Anschließend wird ein geeigneter Bewerber, beispielsweise aus dem eigenen Unternehmen, aus einer Werkstatt für behinderte Menschen oder von einer Förderschule gesucht. Auch Menschen mit einer psychischen oder neurologischen Erkrankung können für eine derartige Stelle geeignet sein. Der Jobcoach wird bei der Bewerbersuche in der Regel mit dem Integrationsfachdienst, Bildungsträgern oder der Agentur für Arbeit zusammenarbeiten.

Die Phase der Bewerbersuche sollte maximal vier Wochen dauern und ist mit dem Arbeitgeber abzustimmen. Denn der vorherige Prozess hat Erwartungen geweckt, mit denen transparent und ehrlich umgegangen werden muss, sollte sich die Bewerbersuche schwierig gestalten. Hilfreich ist der Rückgriff auf einen Bewerberpool.

Ist ein Bewerber gefunden, folgt eine Phase der Erprobung und Einarbeitung am Arbeitsplatz. Hierbei zeigt sich, ob der- oder diejenige für diese Stelle geeignet ist, angelernt werden kann oder ob Anpassungen am Stellenprofil notwendig sind. Im optimalen Fall erfolgt im Anschluss die Einstellung. Der Jobcoach vermittelt zu fachkundigen Stellen zur Klärung von rechtlichen oder finanziellen Fragen, falls dies notwendig ist.

Erfahrungen mit Jobcarving

Jobcarving ist in Deutschland noch relativ neu und es gibt dafür noch kein Regelangebot. Das Integrationsamt des Landschaftsverbands Westfalen-Lippe hat im Sommer 2013 ein Modellprojekt zum Jobcarving für etwa vierzig potenzielle Arbeitsplätze gestartet (siehe Internetquellen). Bis 2015 soll das Konzept gemeinsam mit Arbeitgeberverbänden erprobt, weiterentwickelt und evaluiert werden. Bisher liegen konkrete Erfahrungen aus einem Lebensmittelmarkt, einem Kindergarten, einer Altenpflegeeinrichtung und einem Schwimmbad vor. Drei davon waren erfolgreich und führten zur Einstellung eines Menschen mit Behinderung.

Ein Beispiel für Jobcarving

Die Mitarbeiterin eines Integrationsfachdienstes berichtet dem Personalleiter einer Kommune über das Jobcarving. Die Idee wird aufgegriffen, um im Schwimmbad einen neuen Arbeitsplatz zur Entlastung der Schwimmmeister zu schaffen. Das Integrationsamt übernimmt die Kosten für dreißig Stunden Jobcarving.

Die Schwimmmeister haben 700 Überstunden angesammelt und benötigen dringend Entlastung. Die Überstunden fallen insbesondere für Tätigkeiten an, die nach der Schließung des Bades erledigt werden müssen. Außerdem haben sich bereits Kunden beschwert, beispielsweise über schmutzige Liegen, Laub im Foyer oder defekte Schrankschlösser. Das Schwimmbad hat von 9 bis 22 Uhr geöffnet, morgens kommen vor allem Schulklassen und Senioren, nachmittags hauptsächlich Schüler und am Wochenende Familien. Der Besucherandrang ist sehr unterschiedlich.

Der Jobcoach bekommt eine kurze Hose, ein Poloshirt mit Schwimmbad-Logo und Schuhe als Arbeitskleidung. Einer der Schwimmmeister ist während des Jobcarvings sein Ansprechpartner.

Auf einem Workshop werden Informationen über den täglichen Badebetrieb und die Arbeiten der Schwimmmeister ausgetauscht und erste Tätigkeiten für eine Unterstützungskraft gesammelt. In den nächsten Tagen begleitet der Jobcoach die Schwimmmeister und die anderen Angestellten bei der Arbeit und führt Gespräche mit Mitarbeitenden im Kassenbereich, in der Gastronomie und mit dem Hausmeister. Um die Anforderungen festzustellen, führt der Jobcoach einzelne Arbeiten auch selbst durch.

Die Mitarbeitenden müssen mit einer Temperatur von 24 bis 31 Grad, einer Luftfeuchtigkeit von 50 bis 70 % und einem erheblichem Chlorgeruch am Arbeitsplatz zurechtkommen. Im Ergebnis ergibt sich eine

Liste von möglichen Tätigkeiten für einen neuen Arbeitsplatz:
Arbeiten in der Schwimmhalle:

- Herausgabe und Annahme von Schwimmbrillen und -brettern, Spielzeug u. a.;
- Herausgabe und Annahme von verloren gegangenen oder gefundenen Gegenständen;
- Reinigen von Liegen, Stühlen und Wickelliegen;
- Informationen für Besucher;
- Hilfe bei der wöchentlichen Grundreinigung von Böden, Wänden, Fenstern, Schwimmbecken u. a.

Arbeiten im Umkleidebereich:

- Mülleimer entleeren;
- Papierhalter auffüllen;
- Toiletten kontrollieren und bei Bedarf auch grob säubern;
- Überprüfung und ggf. Ergänzung der Kleiderbügel;
- zwischenzeitliches Wischen der Böden in den Kabinen, im Eingangsbereich, in den Fluren und Toiletten;
- Anwesenheit zeigen, um Vandalismus zu verringern (z. B. bei Kinder- und Jugendgruppen).

Arbeiten im Außenbereich:

- Aufsammeln von Müll und Entleerung der Mülleimer;
- Reinigen und Ordnen von Tischen, Bänken, Stühlen, Sitzgruppen u. a.;
- Unterstützung bei der Planung, Durchführung und Nachbereitung von Veranstaltungen.

Daraus wird ein Stellenprofil erstellt und mit dem Betrieb sowie der IFD-Mitarbeiterin abgestimmt. Darin werden auch die flexible Arbeitszeit von 6.00 bis 22.30 Uhr an Werktagen sowie drei bis vier Stunden am Wochenende und die spezifischen Arbeitsbedingungen des Schwimmbads benannt. Als mögliche Zielgruppe kommen Menschen mit einer Lernbehinderung oder einer psychischen Erkrankung infrage. Der IFD findet schnell eine passende Bewerberin. Sie ist 45 Jahre alt, Verkäuferin, arbeitssuchend und hat eine psychische Erkrankung. In den letzten Jahren war sie durch Elternzeit und Erkrankungen nicht voll berufstätig, hat aber stundenweise in Privathaushalten geputzt. In einer Erprobungsphase während eines sechswöchigen Praktikums überprüft der Jobcoach gemeinsam mit dem Schwimmmeister, ob das

Tätigkeitsprofil mit den Fähigkeiten und Möglichkeiten der Klientin übereinstimmt.
Die abschließende Auswertung mit den Schwimmmeistern und der Geschäftsführung bestätigt einen positiven Verlauf des Praktikums, und die Bewerberin wird unbefristet für zwanzig Stunden in der Woche und einen Stundenlohn von 9,50 Euro eingestellt. Die Einstellung wird finanziell durch einen zeitlich befristeten Eingliederungszuschuss durch die Arbeitsagentur gefördert. Die weitere Einarbeitung wird durch ein kurzes Jobcoaching begleitet (Finke 2014).

Literatur

BAMBERGER, G. (2010): Lösungsorientierte Beratung. Weinheim und Basel.

BEHNCKE, R. (2007): Unterstützte Beschäftigung für Menschen mit Lernschwierigkeiten. Konzept, Arbeitsweise und Erfahrungen der Hamburger Arbeitsassistenz. https://www.lwl.org/abt61-download/html/AT-Forum/pdfs/HHArbeitsassistenz_Behnke.pdf (Zugriff 7.04.2014).

BEHNCKE, R.; LILIENTHAL, I. (2004): Qualifizierung am Arbeitsplatz. Kernelemente im Konzept der Unterstützten Beschäftigung. In: Impulse. Fachzeitschrift der Bundesarbeitsgemeinschaft für Unterstützte Beschäftigung e.V., Hamburg. Ausgabe 30, S. 3–7.

BERGHAUS, M. (2011): Luhmann leicht gemacht: Eine Einführung in die Systemtheorie, Köln.

BEULE, P.; DALHOFF, A.; HÖTTEN, R. (1995): Ergotherapeuten in Psychosozialen Diensten. Arbeitsdiagnostik und Arbeitstraining im Rahmen der begleitenden Hilfen. In: WEBER, P. (Hg.): Psychiatrische Arbeitstherapie in Bewegung, 2. Auflage, Idstein, S. 96–111.

BRUNING, N. (2010): Aufgaben und Möglichkeiten der Arbeitsagentur. In: MECKLENBURG, H.; STORCK, J. (2010): Handbuch berufliche Integration und Rehabilitation. Wie psychisch kranke Menschen in Arbeit kommen und bleiben. Neuauflage, Bonn, S. 223–232.

Bundesarbeitsgemeinschaft der Integrationsämter und Hauptfürsorgestellen (2006): Prozessqualität. Qualitätsmanagement-Referenzmodell für den IFD. www.kassys.org/KASSYS-3_44_Unterstuetzungsprozesse.pdf (Zugriff 12.02.2014).

Bundesarbeitsgemeinschaft der Integrationsämter und Hauptfürsorgestellen (2012): Leistungen im Überblick: Behinderte Menschen im Beruf. Sonderdruck der Zeitschrift »Behinderte Menschen im Beruf«. Köln. www.lvr.de/media/wwwlvrde/soziales/menschenmitbehinderung/arbeitundausbildung/dokumente_229/zb/ZB_Info_2012.pdf (Zugriff 24.03.2014).

Bundesarbeitsgemeinschaft für Rehabilitation (BAR) e.V. (Hg.) (2010): Gemeinsame Empfehlung nach § 38a Abs. 6 SGB IX »Unterstützte Beschäftigung« vom 1. Dezember 2010. www.bag-ub.de/ub/download/BAR%20GE%20Unterstuetzte%20Beschaeftigung%2001-12-2010.pdf (Zugriff 12.02.2014).

Bundesarbeitsgemeinschaft für Unterstützte Beschäftigung (BAG UB) e.V. (2007): Qualitätsstandards für Unterstützte Beschäftigung. www.bag-ub.de/ub/ub_quali.htm (Zugriff 12.02.2014).

Bundesarbeitsgemeinschaft für Unterstützte Beschäftigung (Hg.) (2011): Job Coaching: Qualifizieren und Lernen im Betrieb. Schwerpunkt: Betriebliche Teilhabe von Menschen mit psychischer Erkrankung. Weiterbildungsunterlagen Hamburg, www.bag-ub.de/publikationen/Modul_Job_Coaching_PSY.pdf (Zugriff 2.05.2014).

Bungart, J. (2010): Konzept und Gesetz »Unterstützte Beschäftigung« – eine aktuelle Standortbestimmung. Zeitschrift für Inklusion-online.net www.inklusion-online.net/index.php/inklusion-online/article/view/147/147 (Zugriff 2.05.2014).

Dalhoff, A.; Hirsch, T. (2008): Betriebliches Arbeitstraining. In: Köhler, K.; Steier-Mecklenburg, F. (Hg.): Arbeitstherapie und Arbeitsrehabilitation – Arbeitsfelder der Ergotherapie. Stuttgart.

Deutsche Gesellschaft für Psychiatrie, Psychotherapie und Nervenheilkunde (Hg.) (2013): S3-Leitlinie Psychosoziale Therapien bei schweren psychischen Erkrankungen. Empfehlung 12, Arbeitsrehabilitation und Teilhabe am Arbeitsleben, S. 17 und 63: www.dgppn.de/fileadmin/user_upload/_medien/download/pdf/kurzversion-leitlinien/S3-LLPsychosozTherapien_Langversion.pdf (Zugriff 12.02.2014).

Dörken, G. (2008): Job Coaching durch Ergotherapeuten. Eine konzeptionelle Entwicklung von neuen Handlungsfeldern. www.schulz-kirchner.de/buecher/ergotherapie/online-publikationen/job-coaching-durch-ergotherapeuten-eine-konzeptionelle-entwicklung-von-neuen-handlungsfeldern.html (Zugriff 12.02.2014).

Doose, S. (2012): Unterstützte Beschäftigung: Berufliche Integration auf lange Sicht. Theorie, Methodik und Nachhaltigkeit der Unterstützung von Menschen mit Lernschwierigkeiten auf dem allgemeinen Arbeitsmarkt. Marburg.

European Union for Supported Employment (EUSE) (2012): Europäischer Werkzeugkoffer für Unterstützte Beschäftigung. www.euse.org/supported-employment-toolkit-2/EUSE%20 Toolkit%202010%20-%20Austria.pdf (Zugriff 12.02.2014).

FATZER, G. (1993): Die sieben Phasen der Veränderungskurve. In: FATZER, G.; LOOSS, W.; RAPPE-GIESECKE, K. (1999): Qualität und Leistung von Beratung: Supervision, Coaching, Organisationsentwicklung. Köln, S. 14.

FINKE, M.: (2014) Jobcarving. Ein Beratungsangebot für Unternehmen. In: praxis ergotherapie, Heft 1, S. 15–23.

GLASL, F.; LIEVEGOED, B. (2004): Dynamische Unternehmensentwicklung. Grundlagen für nachhaltiges Change Management. Bern und Stuttgart.

GRIFFIN, C (o.J.): Job Carving. A Guide for Job Developers and Employment Specialists. http://griffinhammis.com/images/carving.pdf (Zugriff 12.02.2014).

HIRSCH, T. (2012): Job-Coaching - Gestaltungsmöglichkeiten für die berufliche Integration. In: DEHNHARDT, B.; SCHAEFER, C. (Hg.): Ich werde Ergotherapeutin. Stuttgart.

von HIRSCHHAUSEN, E. (2010): Das Pinguin-Prinzip. www.youtube.com/watch?v=Az7lJfNiSAs (Zugriff 7.04.2014).

HOFFMANN, H.; JÄCKEL, D. (2010): Supported Employment. Nachhaltigkeit bei der beruflichen Eingliederung psychisch Kranker. In: MECKLENBURG, H; STORCK, J. (2010): Handbuch Berufliche Integration und Rehabilitation. Wie psychisch kranke Menschen in Arbeit kommen und bleiben. Bonn, S. 171–176.

HÖTTEN, R. (1996): Qualifizierung am Arbeitsplatz: Ist der Aufwand überhaupt notwendig? In: Impulse. Fachzeitschrift der Bundesarbeitsgemeinschaft für Unterstützte Beschäftigung e.V., Ausgabe 3/4, S. 23. www.bag-ub.de/impulse/download/impulse03-04.pdf (Zugriff 12.02.2014).

HÖTTEN, R. (2008): Unterstütztes Lernen im Betrieb (Vortrag). www.bmas.de/SharedDocs/Downloads/DE/job-fachtagung-muenster-hoetten.pdf?__blob=publicationFile (Zugriff 12.02.2014).

HÖTTEN, R.; DALHOFF, A.W. (2002): Qualifizierung am Arbeitsplatz für Menschen mit Behinderung. Ein Instrument der Begleitenden Hilfen im Arbeitsleben. In: Behindertenrecht, Heft 2, S. 62–67.

Institut für Arbeitsmarkt- und Berufsforschung (2013): Menschen mit psychischen Störungen im SGB II, Handlungsfeld 6: Maßnahmen und geförderte Beschäftigung. IAB-Forschungsbericht 12, S. 92–93. http://doku.iab.de/forschungsbericht/2013/fb1213.pdf (Zugriff 12.02.2014).

Kielhofner, G.; Marotzki, U.; Mentrup, C. (2005): Model of human occupation (MOHO). Grundlagen für die Praxis. Heidelberg.

Klier, R.; Hirsch, T. (2008): Betriebliches Arbeitstraining und Ergotherapie. In: Ergotherapie und Rehabilitation. Ausgabe 10, S. 29–32.

Kruse, P. (1996): Die Gestaltung von Veränderungsprozessen in Unternehmen und Institutionen. Kurzzeittherapeutische Interventionen und systemtheoretische Grundlagen. In: Eberling, W.; Hargens, J. (Hg.): Einfach kurz und gut. Zur Praxis der lösungsorientierten Kurztherapie, Dortmund, S. 201–223.

kukuk plus (2010): Materialien zur Erweiterung von Schlüsselqualifikationen in der beruflichen Bildung von Menschen mit Lernschwierigkeiten. 2., aktualisierte und erweiterte Auflage. Hamburg.

Langton, D.; DiLeo, D. (2014): Facing the Future. Best Practices in Supported Employment. 1st ed. St. Augustine, Fla.

Lilienthal, I.; Behncke, R. (2004): Qualifizierung am Arbeitsplatz. Kernelement im Konzept der Unterstützten Beschäftigung. In: Impulse. Fachzeitschrift der Bundesarbeitsgemeinschaft für Unterstützte Beschäftigung e.V., Ausgabe 30. www.bag-ub.de/impulse/download/impulse30.pdf (Zugriff 12.02.2014).

Lindemann, H.; Rosenbohm, C. (2012): Die Metaphern-Schatzkiste. Systemisch Arbeiten mit Sprachbildern. Göttingen.

Lippmann, E. (2009): Intervision. Kollegiales Coaching professionell gestalten. Berlin.

Luhmann, N. (1995): Die Soziologie und der Mensch. Soziologische Aufklärung, Band 6. Opladen.

Rogers, C. (1974): Lernen in Freiheit. Zur Bildungsreform in Schule und Universität. München.

Rust, T.; Debrunner, A. (2005): Supported employment. Modelle unterstützter Beschäftigung bei psychischer Beeinträchtigung. Nationales Forschungsprogramm 45, Probleme des Sozialstaats. Ein Programm des Schweizerischen Nationalfonds. Zürich und Chur.

Sändker, E. (2008): Job Coaches. Kompetenzprofil für die Qualifizierung von Menschen mit Behinderung im Rahmen der Unterstützten Beschäftigung. www.lwl.org/abt61-download/html/AT-Forum/pdfs/Kompetenzprofil_von_Job-Coaches_BachelorArbeit_E.Saendker2009.pdf (Zugriff 12.02.2014).

Sändker, E. (2010): Job Coaching. Für jeden Einsatz die passenden Schuhe. In: ergopraxis, Heft 10, S. 15–19. www.thieme.de/statics/dokumente/thieme/final/de/dokumente/tw_ergotherapie/job_coaching.pdf (Zugriff 12.02.2014).

Schein, E.H. (2000): Prozessberatung für die Organisation der Zukunft. Der Aufbau einer helfenden Beziehung. Köln.

von Schlippe, A; Schweitzer, J. (2003): Lehrbuch der systemischen Therapie und Beratung. 3. Auflage, Göttingen.

von Schlippe, A; Schweitzer, J. (2006): Lehrbuch der systemischen Therapie und Beratung II. Das störungsspezifische Wissen. Göttingen.

Schmidt, E.R.; Berg, H.G. (2002): Beraten mit Kontakt. Gemeinde- und Organisationsberatung in der Kirche. Ein Handbuch. Offenbach.

Schwarzbauer-Steurer, K. (2010): Berufliche Teilhabe junger Frauen und Männer mit verschiedenen Behinderungen am allgemeinen Arbeitsmarkt - Die Sicht der Betriebe (Diplomarbeit). www.fcbforum.ch/forum/attachment.php?attachmentid=14763&d=1320670920%22 (Zugriff 2.05.2014).

Seeger, A. (2010): JobBudget. Leistungsmodul 3: Betriebliche Orientierung und Qualifizierung. www.jobbudget.org/uploads/Main/lm_3_qualifizierung.pdf (Zugriff 12.02.2014).

de Shazer, S.; Dolan, Y. (2008): Mehr als ein Wunder: Lösungsfokussierte Kurzzeittherapie heute. Heidelberg.

Simon, F.B. (2013): Einführung in Systemtheorie und Konstruktivismus. Heidelberg.

Spitczok von Brisinski, I. (2003): Ressourcen und Reframing bei Menschen mit Asperger-Syndrom. In: von Schlippe, A; Schweitzer, J. (2006): Lehrbuch der systemischen Therapie und Beratung II. Das störungsspezifische Wissen. Göttingen, S. 267.

Tenpas, S.; Attainment Company (2003): Attainment's Job Coaching Strategies: A Handbook for Supported Employment. Verona.

WEBER, G. (1994): Selbstsupervision für Therapeuten (Audioband). Vortrag auf einem Fortbildungsworkshop in Heidelberg: »Systemische Supervision – Was ist das und wie macht man das?«. Tübingen.

Internetquellen

Bundesarbeitsgemeinschaft der Berufsbildungswerke: www.bagbbw.de

Bundesarbeitsgemeinschaft für Rehabilitation: www.bar-frankfurt.de

Bundesarbeitsgemeinschaft für Unterstützte Beschäftigung e.V.: www.bag-ub.de

Bundesarbeitsgemeinschaft Werkstätten für behinderte Menschen: www.bagwfbm.de

Bundesarbeitsmarktprogramm »Initiative Inklusion«: www.berlin.de/lageso/arbeit/initiative-inklusion

Hamburg Budget für Arbeit: www.hamburg.de/basfi/budget-fuer-arbeit

Hamburger Arbeitsassistenz: http://epub.sub.uni-hamburg.de/epub/volltexte/2012/12509/pdf/Arbeitstraining_Bericht_2004.pdf

HAMET: Handlungsorientierte Module zur Erfassung und Förderung beruflicher Kompetenzen: www.hamet.de

IDA: Instrumentarium zur Diagnostik von Arbeitsfähigkeiten: www.melba.de/melba/ida.html

Institut für berufliche Qualifizierung und Entwicklung: www.i-f-b.org

Integrationsämter: www.integrationsaemter.de

Job-Coaching. Betriebliches Arbeitstraining: www.job-coaching.de

Modellprojekt Job Carving beim Landschaftsverband Westfalen Lippe: www.lwl.org/bi-lwl/vo020.asp?VOLFDNR=5675&options=4

NRW-Sonderprogramm aktion5. Förderung behinderter Menschen auf dem Arbeitsmarkt: www.lwl.org/LWL/Soziales/integrationsamt/leistungen/aktion5

Projekt »Fachkompetenz in Unterstützter Beschäftigung«: www.bag-ub.de/projekte/fub.htm

Projekt »Fachkompetenz in Unterstützter Beschäftigung«. Regionale Fachforen Berlin, Hannover, Nürnberg, Bonn. Mai/Juni 2012. Job Coaching – Kernelement der Unterstützten Beschäftigung: www.bar-frankfurt.de/fileadmin/dateiliste/rehabilitation_und_teilhabe/Internationale_Themen/infopool-bag-ub/materialien/BAG_UB_Modul_Job_Coaching.pdf

STAR – Schule trifft Arbeitswelt: zur Integration schwer behinderter Jugendlicher: www.lwl.org/LWL/Soziales/integrationsamt/leistungen/star-schule-trifft-arbeitswelt

Reihe BASISWISSEN:

Die Basiswissen-Bücher bieten fundierte thematische Einführungen in psychiatrische Diagnosen und Berufsfelder. Sie geben einen schnellen und gezielten Überblick über den Umgang mit bestimmten Klientengruppen und die besonderen Heraus-forderungen des Arbeitsalltags. Daher ist die Reihe Basiswissen gut geeignet für Berufsanfänger, Quereinsteiger, aber auch für langjährig psychiatrisch Tätige, die ihr Wissen auf den neuesten Stand bringen möchten. Titel:

Thomas Bock: **Umgang mit psychotischen Patienten** | Burkhart Brückner: **Geschichte der Psychiatrie** | Astrid Delcamp: **Kontakt- und Begegnungsstätten für psychisch erkrankte Menschen** | Michael Eink, Horst Haltenhof: **Umgang mit suizidgefährdeten Menschen** | Christiane Haerlin: **Berufliche Beratung psychisch Kranker** | Jens Gräbener: **Umgang mit traumatisierten Patienten** | Andreas Knuf: **Empowerment in der psychiatrischen Arbeit** | Georg Kremer, Michael Schulz: **Motivierende Gesprächsführung in der Psychiatrie** | Malika Laabdallaoui, Ibrahim Rüschoff: **Umgang mit muslimischen Patienten** | Albert Lenz: **Psychisch kranke Eltern und ihre Kinder** | Angela Mahnkopf: **Umgang mit depressiven Patienten** | Rolf Marschner: **Rechtliche Grundlagen für die Arbeit in psychiatrischen Einrichtungen** | Ewald Rahn: **Umgang mit Borderline-Patienten** | Manuel Rupp: **Psychiatrische Krisenintervention** | Hilde Schädle-Deininger: **Psychiatrische Pflege** | Cornelia Schaumburg: **Maßregelvollzug** | Gunda Schlichte: **Betreutes Wohnen** | Günther Schwarz: **Umgang mit demenzkranken Menschen** | Tilman Steinert: **Umgang mit Gewalt in der Psychiatrie** | Monika Stich: **Patientengruppen erfolgreich leitenn**

Jeder Band ca. 140–160 Seiten.
Mehr Informationen unter www.psychiatrie-verlag.de

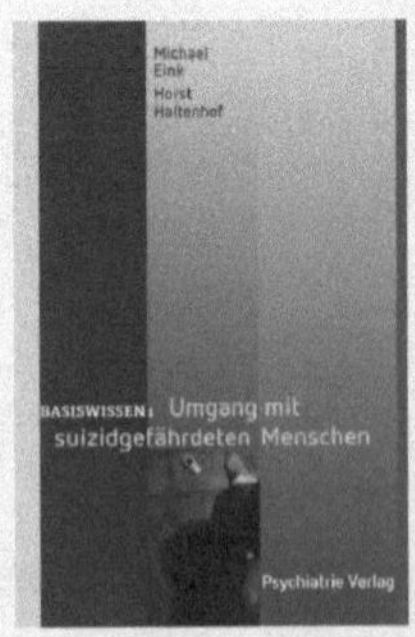

BASISWISSEN
Berufliche Beratung psychisch Kranker
Christiane Haerlin
Psychiatrie Verlag

BASISWISSEN: Umgang mit traumatisierten Patienten
Jens Gräbener
Psychiatrie Verlag

BASISWISSEN
Empowerment
in der psychiatrischen Arbeit
Andreas Knuf
Psychiatrie Verlag

BASISWISSEN:
Motivierende Gesprächs-führung in der Psychiatrie
Georg Kremer, Michael Schulz
Psychiatrie Verlag

BASISWISSEN:
Umgang mit muslimischen Patienten
Malika Laabdallaoui
Ibrahim Rüschoff
Psychiatrie Verlag

BASISWISSEN:
Albert Lenz
Psychisch kranke Eltern und ihre Kinder
Psychiatrie Verlag

Angela Mahnkopf
BASISWISSEN
Umgang mit depressiven Patienten
Psychiatrie Verlag

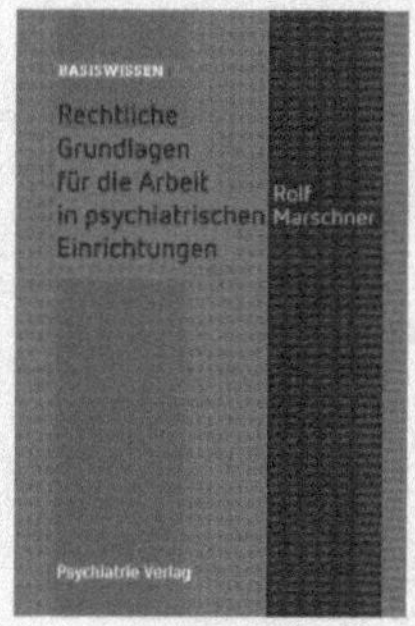
BASISWISSEN
Rechtliche Grundlagen für die Arbeit in psychiatrischen Einrichtungen
Rolf Marschner
Psychiatrie Verlag

BASISWISSEN:
Umgang mit Borderline-Patienten
Ewald Rahn
Psychiatrie Verlag

BASISWISSEN: Psychiatrische Krisenintervention
Manuel Rupp
Psychiatrie Verlag

BASISWISSEN: Psychiatrische Pflege
Hilde Schädle-Deininger
Psychiatrie Verlag

BASISWISSEN:
Maßregelvollzug
Psychiatrie Verlag

BASISWISSEN:
Betreutes Wohnen – Hilfen zur Alltagsbewältigung
Schlichte
Psychiatrie Verlag

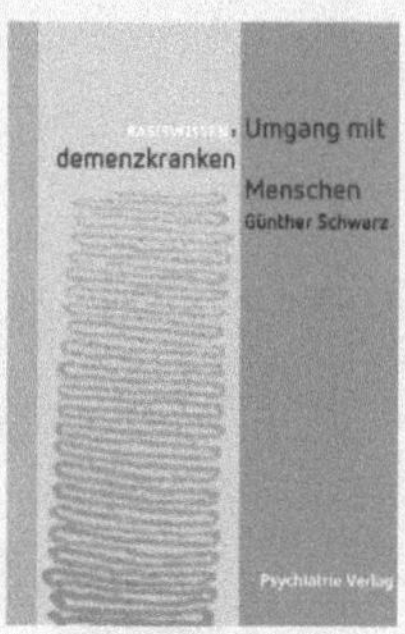
BASISWISSEN: Umgang mit demenzkranken Menschen
Günther Schwarz
Psychiatrie Verlag

BASISWISSEN: Umgang mit Gewalt in der Psychiatrie
Tilman Steinert
Psychiatrie Verlag

BASISWISSEN:
Patientengruppen erfolgreich leiten
Monika Stich
Psychiatrie Verlag

FSC
www.fsc.org
MIX
Papier | Fördert gute Waldnutzung
FSC® C083411

Zeitfracht Medien GmbH
Ferdinand-Jühlke-Straße 7
99095 Erfurt, Deutschland
produktsicherheit@kolibri360.de